玩着玩着就变成
New iPad  高手

■ 龙马工作室 编著

人民邮电出版社

北京

图书在版编目（CIP）数据

玩着玩着就变成New iPad高手 / 龙马工作室编著
. -- 北京 : 人民邮电出版社，2012.10
ISBN 978-7-115-29253-7

Ⅰ．①玩… Ⅱ．①龙… Ⅲ．①便携式计算机－基本知
识 Ⅳ．①TP368.32

中国版本图书馆CIP数据核字(2012)第201151号

玩着玩着就变成 New iPad 高手

♦ 编　著　龙马工作室

责任编辑　张　翼

♦ 人民邮电出版社出版发行　北京市崇文区夕照寺街 14 号

邮编　100061　电子邮件　315@ptpress.com.cn

网址　http://www.ptpress.com.cn

北京画中画印刷有限公司印刷

♦ 开本：880×1230　1/24

印张：9.33

字数：231 千字　　　　　　2012 年 10 月第 1 版

印数：1- 3 500 册　　　　　2012 年 10 月北京第 1 次印刷

ISBN 978-7-115-29253-7

定价：39.00 元

读者服务热线：**(010)67132692**　印装质量热线：**(010)67129223**
反盗版热线：**(010)67171154**
广告经营许可证：京崇工商广字第 0021 号

内容提要

本书以实际应用为出发点，精选与 New iPad 有关的 50 大秘技，帮助读者在玩的过程中迅速成长为 New iPad 使用高手。

全书共包括 7 个部分。第 1 篇主要讲解了 New iPad 在生活娱乐中的使用技巧，包括电子地图、音乐播放、游戏存档等；第 2 篇主要讲解了商务应用的相关技巧，包括网络连接、邮箱、文档处理、数据传输与共享等；第 3 篇主要讲解了系统的设置技巧，包括充电、系统常见故障处理、iCloud、照片流以及固件升级等；第 4 篇主要讲解了 New iPad 的高级应用技巧，包括 SHSH 备份、完美越狱以及资料丢失问题处理等；第 5 篇主要讲解了与 iTunes 有关的使用技巧，包括 Apple ID 问题处理、软件故障处理、账号授权以及其他相关软件等；第 6 篇主要讲解了 New iPad 的硬件问题，包括按键故障、充电故障、显示故障等；第 7 篇精心挑选了与 New iPad 有关的 100 个常见问题，以问答的方式为读者提供权威的解决方案。

无论是 New iPad 新手，还是已经对 New iPad 有所了解的资深"果粉"，都能从本书中找到极具价值的修炼秘技，踏上全面玩转 New iPad 的捷径。

序

第一次听说 Apple 产品令人吃惊的价位时，我根本就没打算购买。可当身边的潮人秀给我看的时候，我惊呆了。我被酷炫的手指操作所折服，我为其强大的功能而着迷。于是，我出手了。

几乎是一夜之间，"苹果"风靡全世界。iPhone 霸气来袭，令其他手机瞬间黯然失色，而 iPad 更是一举占领了平板电脑的大半河山。正如其广告词所言：再一次，改变一切。

数码时代来临了！

还记得好多科幻大片中的透明电脑吧？很轻很薄甚至是透明的那种。也许 iPhone 和 iPad 就是那种未来电脑的雏形。据专家预测，3 年内主流平板电脑的价格将降低到 1000 元左右。到那时，几乎就是人手一本了。

然而，技术革新的迅猛发展难免给人措手不及之感，各种由于使用不当而造成的笑话层出不穷。记得早些年电脑普及的时候，有人拿光驱架当咖啡杯托盘，还向售后人员抱怨产品质量不行，不结实！而现在使用各种设备上网的大小潮人们，分不清腾讯 QQ 和腾讯微博的也大有人在。

要跟得上、玩得转？那就永远不要停下学习的脚步。

跟随本书一起深入学习吧！本书能带给你快乐，解决你的问题，避免你的失误。

感谢人民邮电出版社的魏雪萍老师。没有他的指导，我根本无法完成本书的创作。
感谢腾讯公司为本书提供了极好的推广平台，并进行了大量的技术支持工作。
感谢我的创作团队，邓艳丽老师与我共同担任了主编，为本书的写作提供了清晰的脉络。此外，还有副主编李震先生和赵源源先生，文案处理乔娜，版式专家梁晓娟，资料搜集张高强，其他参与内容整理、筛选工作的朋友还有孔万里、陈小杰、周奎奎、刘卫卫、祖兵新、郭彦君、彭超、李东颖、左琨、任芳、王杰鹏、崔姝怡、左花苹、刘锦源、普宁、王常吉、师鸣若等，他们都为本书倾尽了大量的心血。

最后，感谢亲爱的读者与我一起分享美好的时光。如果您在书中发现好的东西，请分享给您的朋友；如果发现不足的地方，请告诉我（电子邮箱：march98@163.com）。

孔长征

2012 年 7 月

前　言

您手里拿着的这本书，倾注了我们所有的感情。

数码产品就像我们的朋友，我们由陌生到熟悉，再到形影不离，中间的"曲折"实在是一言难尽。

为了让更多的读者能够真正玩好各种数码装备，在众多同仁的支持下，我们把亲身经历过的这种痛苦而又甜蜜的"折腾"过程写了出来，遂成此书。

在这里，请允许我们的自我炫耀，因为我们实在不愿意看到，您和如此优秀的图书失之交臂。

仔细地阅读吧！希望在本书的帮助下，您能够顺利"玩转"手中的数码产品。

本书特色

不挑对象

无论您是刚刚接触 New iPad 的新手，还是已经成为 New iPad 使用高手，都能从本书中找到一个新的起点。

简单易学

以活泼的语言和图文并茂的形式对内容进行讲解，为您营造一个轻松愉悦的环境，同时在讲解的过程中还穿插介绍了各种实用技巧和趣味功能。

实用至上

充分考虑您的需求，从实用的角度出发，避开艰深的技术问题，让您真正用好、玩好。

珠玉互连

丰富的网络资源推荐，让您知道哪些地方好玩，哪些东西好用。

温馨提示

本书介绍的操作将要涉及 iPhone、New iPad 以及安装有 Windows 操作系统和 iTunes 软件的 PC。另外，为了使您在阅读时更准确地理解操作步骤，本书统一了操作用语。

"单击"

(1) 在电脑中：用鼠标左键点击一次（这里的点击一次是指按下键和松开键这一整个过程）的动作称为"单击"，单击某个对象一般只是将对象选中，而不能将其打开。

(2) 在 New iPad 中：用手指点住对象后松开的过程称为"单击"，单击某个对象可以在选中的同时打开该对象。

"双击"

(1) 在电脑中：用鼠标左键连续单击两次的动作称为"双击"。

(2) 在 New iPad 中：用手指连续单击对象两次称为"双击"。

网址时效

书中提到的软件下载地址可能会有所变更，给您带来的不便敬请见谅。

我的伙伴

本书由龙马工作室策划，邓艳丽、孔长征任主编，李震、赵源源任副主编，乔娜、梁晓娟和张高强等参与编著。参加资料搜集和整理工作的人员还有孔万里、陈小杰、周奎奎、刘卫卫、祖兵新、郭彦君、彭超、李东颖、左琨、任芳、王杰鹏、崔姝怡、左花苹、刘锦源、普宁、王常吉、师鸣若等。

在编写本书的过程中，我们竭尽所能努力做到最好，但也难免有疏漏和不妥之处，恳请广大读者批评指正。若您在阅读过程中遇到困难或疑问，可以给我们发送电子邮件（march98@163.com），或在腾讯微博收听"24 小时玩转"进行在线交流。此外，您还可以登录我们的论坛网站（http://www.51pcbook.com），与众多朋友进行深入探讨。

本书责任编辑的电子邮箱为：zhangyi@ptpress.com.cn。

龙马工作室

目录 CONTENTS

第 1 篇

生活娱乐

在生活中畅享音乐、视频、游戏的快乐。用地图发现这个城市的另一片天地。

随心生活，快乐自我

秘技 01　猜，你喜欢这个地图

　　电子地图的种类有很多，猜，你喜欢带语音导航的地图，你喜欢没有网络的时候也能使用的地图，你喜欢能快速搜索到你周围吃、穿、玩的地图，你喜欢足不出户，也能了解当地风景市貌的地图，你喜欢……

地图名称	优点	缺点	亮点
谷歌地图	支持卫星地图、混合地图、地形地图；路线规划有3种：公交车、自驾车、步行路线；显示起点与终点的实际距离和到达所需要的时间	不支持离线使用，导航路线方案提供的较少	支持多个地图形式，方便查看，到达目的地需要多长时间
拉手离线地图	是谷歌旗下的离线地图，支持离线地图包，可以同步电脑中已经下载好的地图包	不支持后台运行，路线规划只有公交、自驾车两种，下载地图包较大	可以同步电脑中已经下载好的地图包
图吧地图	支持离线地图包且小、准；实用的服务查询功能；语音搜索地点；精准的实时路况信息，帮你避开拥堵地段	不支持横屏，实况信息显示不全	语音搜索，精准的实时路况信息
老虎地图	支持离线地图包且小、全、准；生活服务查询方便快捷，有点评和价格参考	不支持横屏	周围生活服务查询方便快捷
图吧导航(体验版)	支持语音导航，模拟导航，3D 地图	不支持公交、步行导航路线；有广告	支持语音导航，3D 地图
城市吧街景	支持 40 多个城市的经典地标街景服务，360 度实景体验通过街景了解各地风景市貌	不支持路线导航，实况信息显示不全	支持街景，360 度实景体验

秘技 02　没有网络也能使用电子地图

　　出门旅行，没有网络时，电子地图还能使用吗？你会为这个问题烦恼吗？难道没有网络电子地图，真的不能使用了吗？没有网络电子地图也能使用。

　　拉手离线地图，只要你下载过某个城市地图，即使没有网络，也能为你提供地图和生活信息服务，够方便吧！

❶ 单击地图界面左上角的【下载】按钮。

❷ 单击【地图搜索】按钮。

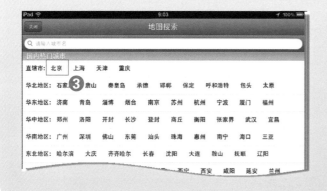

❸ 选择城市名称,如"北京"。

❹单击【开始下载】按钮。

提示

　　首次下载地图时，需要下载基础地图。

❺ 下载完成之后，单击【关闭】按钮，返回到地图界面。

要随时留意指南针以免迷失方向哦！

❻ 单击【切换城市】按钮，在弹出的列表中单击【北京市】，即可打开北京市地图。

提示

　　可以下载多个城市地图，方便需要时切换。

秘技 03　在 Google 地图中确定两地间的距离

　　出门旅行你想知道去的地方和你住的地方两地之间的距离是多少吗？这个 Google 地图就可以帮你办到。

❶ 单击图标，打开软件。

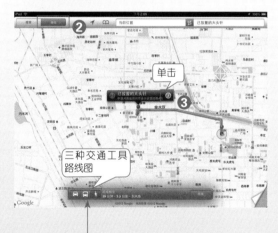

❷ 单击【路线】按钮，用一个手指按住屏幕不放，会出现一个大头针。此时地图会默认你所在的位置为起点，大头针标记的地方为终点，显示出路线概览条。

提示

　　路线概览条中 3 个图标分别是自驾车、公交车、徒步，根据不同的交通工具所给出的参考路线、距离、到达时间也不同。

❸ 单击 *i* 图标，弹出已放置大头针对话框。

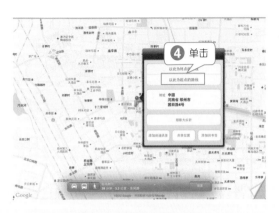

④ 在弹出的对话框中单击【以此为起点的路线】选项。

⑤ 界面跳转到搜索界面，单击起点输入框，将光标移动到起点输入框内。

⑥ 单击你所标记的地点名称。

提 示

最近搜索列表中带有紫色字体的是当前大头针标记的位置。

❼ 在此界面中可通过输入或者运用大头针来确定终点。

❽ 即可看到路线概览条，所显示的距离及到达所需的时间。

提　示

　　如果你是"方向痴"那就单击 ➤ 图标，指南针就会帮你指清方向。

　　如果知道起点和终点的具体位置，可以在地图顶部的文本框中分别将具体位置输入，即可确定两地间的距离和详细路线。

秘技 04 如何添加 New iPad 不支持的视频格式

小强说："看视频我就不喜欢 AVI、MP4 格式的，画面质量太差了，视频中的人参硬是看着像萝卜。New iPad 不支持高清 RMVB 格式的视频，怎么办呢？"

电影迷说："视频，我只看高清的。这事我早就解决了，看看我的解决办法吧！"

现象 1 怎样将视频添加到迅雷看看 HD 中

❶ 在 New iPad 中下载【迅雷看看 HD】应用程序。

提示

支持高清的免费播放器还有 QQ 影音 HD、快播、暴风影音 HD 等。

❷ 在电脑中下载并打开 iTunes 软件，将 New iPad 与电脑连接。在打开的 iTunes 界面中单击设备名称【龙数码的 iPad】选项，然后单击【应用程序】选项。

提示

迅雷看看 HD 播放器支持目前所有主流视频格式，如 RMVB、MP4、AVI、3GP、WMV、FLV 等，并支持本地播放和在线播放。

③ 将滚动条滑动到最下边，看到应用程序列表，单击【迅雷看看 HD】应用程序，再单击【添加】按钮，弹出查找对话框，单击要添加的 RMVB 格式的视频，然后单击【打开】按钮即可开始添加视频。

④ 当所添加的视频文件出现在"迅雷看看 HD"的文稿中，表示视频已添加成功。

提示

想要通过 iTunes 删除视频，单击要删除的视频，按【Delete】键即可删除。按住【Ctrl】键不放，用鼠标单击要删除的视频，再按【Delete】键，即可实现多项删除。

现象 2 巧用迅雷 7 无线传输高清视频

　　小强学会了运用 iTunes 添加高清视频，有一次他拿着 New iPad 去朋友家玩，看到朋友的电脑上有很多好看的高清视频，他想复制到 New iPad 上慢慢地看，但是他没有拿数据线，怎么办呢？

　　他朋友说："没关系！我听说运用迅雷 7 可以无线传输视频，咱们看看怎么传输吧！"

❶ 下载并安装迅雷 7，单击【新建】按钮。

❷ 单击【添加新应用】按钮。

❸ 单击【移动中心】选项。

❹ 单击【立即打开】按钮。

❺ 单击【苹果视频无线传输】选项。

❻ 输入连接验证码 然后单击【连接】按钮。

输入连接验证码方法可参考其4个步骤

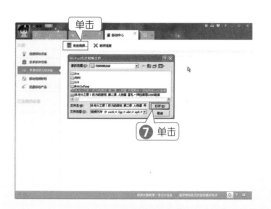

❼ 单击【发送视频】选项，弹出【向 iPad 发送视频文件】对话框。选择要添加的视频，单击【打开】按钮即可。

提示

视频转码可以转换 3 种模式，转换的视频格式分别支持分辨率为 1024×768、640×480、320×240 的设备。

秘技 05 音乐怎样播放，都是自己喜欢听的

从计算机中同步到 New iPad 的音乐太多了，有的时候就想听那几首歌，找歌曲换歌曲真麻烦！想听哪几首歌曲时，可以为它们搭建一个"窝"。

❶ 在打开的音乐程序首界面中，单击【新建】按钮，弹出【新建播放列表】编辑框，编辑完成后，单击【存储】按钮即可。

❷ 在弹出的添加歌曲列表中单击 ⊕ 按钮，再单击【完成】按钮，即可将歌曲添加到新建列表中。

❸ 单击 ⊖ 按钮，右侧会出现【删除】按钮。可在此列表中删除不想听的音乐。将此 ≡ 按钮按住不放即可拖动歌曲，调换位置，单击【完成】按钮即可。

❹ 新的播放列表建立完成。单击【编辑】按钮，还可以再次添加、删除和排序歌曲。

提示

当 🔁 和 🔀 按钮同为白色时，歌曲按顺序播放；当 🔁 和 🔀 按钮这样时，歌曲按顺序循环播放；当 🔁 和 🔀 按钮这样时，歌曲随机播放。当 🔁 和 🔀 按钮这样时，歌曲随机循环播放；当 🔁 和 🔀 按钮或 🔁 和 🔀 按钮这样时，单曲循环播放。

秘技 06 彻底解决音乐、视频文件丢失的烦恼

　　音乐和视频又丢了，哎……又要重新下载了，太郁闷了。

　　如果你也遇到了上述的情况，那么请跟着下面的操作进行设置吧，让你彻底解决音乐和视频丢失的问题。

❶ 在电脑中下载并运行 Share Pod 程序，将 New iPad 通过数据线连接电脑。

❷ 按住【Ctrl】键，选择要备份的音乐和视频。

❸ 单击【Copy to computer】（复制到电脑）按钮。

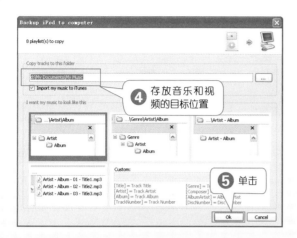

❹ 在弹出的【Backup iPod to computer】对话框中，选择复制音乐和视频的目标位置。

❺ 单击【OK】按钮。

❻ 复制完成后，打开目标位置，即可看到复制过来的音乐和视频。

当文件丢失时，我们就可以在电脑中启动 iTunes，然后选择【文件】▶【将文件添加到资料库】，在弹出的【添加到资料库】对话框中选择备份过的文件，单击【打开】按钮，即可将文件添加到资料库中。

秘技 07 移花接木——游戏存档问题

小强看到小明拿着 New iPad 在玩游戏"变速 2 释放"。

小强就说："嗨！小明你也在玩"释放"啊？"释放"有一个关卡"变速杯赛第 4 关卡"我闯了很久都没过去，看你好像已经闯过这个关卡了"。

"是啊！你要不要接着我的游戏进度玩啊？"小明说。

"想！但是怎么接着你的游戏进度玩啊？咱俩要交换 New iPad 吗？"小强问。

"不用，我可以"移花接木"，把我的这个游戏存档整到你的 New iPad 上去就 OK 了！"小明说。

现象 1 导出游戏存档文件夹

❶ 在 PC 上安装 iTools，将 New iPad 与 PC 相连。然后单击【应用程序】选项。

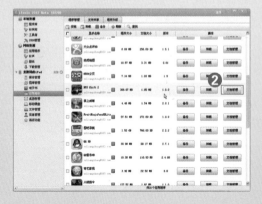

❷ 在程序管理界面中找到要存档的游戏，单击【文档管理】按钮。

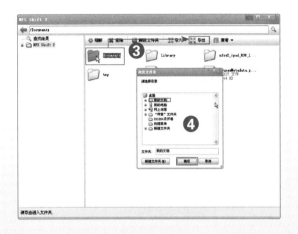

❸ 弹出【NFS Shift 2】界面，单击【Documents】文件夹，然后单击【导出】按钮。

❹ 单击【我的文档】文件夹，再单击【确定】按钮，即可导出游戏的存档文件夹。

现象2 导入游戏存档文件夹

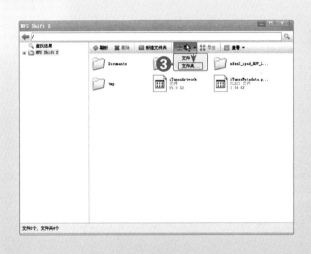

提示

步骤 ❶ ~ 步骤 ❷ 可参考上一小节游戏存档文件夹的导出。

❸ 单击【导入】按钮，弹出下拉列表，单击【文件夹】选项。

④ 弹出【浏览文件夹】对话框，单击导出的【Documents】文件夹，然后单击【确定】按钮即可。

提示

Documents 文件夹是应用程序的存档文件，当导入此文件时，会弹出【确认文件替换】对话框。单击【是】按钮即可。

秘技 08 如何使用 Game Center 发现新游戏

在你的苹果设备上有 Game Center 这样一个应用程序，你知道它的用处吗？你使用它吗？它在你的设备上沉睡多久了？你有没有准备好唤醒它？follow me，一起唤醒它吧！

❶ 单击【Game Center】应用程序，进入 Game Center 首界面。

提示

打开 Game Center 后，您可以使用 Apple ID 登录到 Game Center 账户。如果没有 Apple ID 或其他 Apple 账户，可以单击 "创建新帐户" 来创建一个 Game Center 账户。

2 单击【朋友】图标，即可看到你和
朋友共同的游戏以及他所拥有的游戏。

3 单击【游戏】图标，你可以看到你
所玩过的游戏成绩及排名。

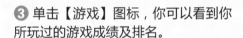

4 单击【游戏推荐】栏，可以看到 Game Center 推荐的游戏并且有评分，可供玩家
参考游戏的可玩性。单击【水果忍者】游戏栏，可看到详细的玩家列表。

单击【玩家】可以发送交友邀请

通过结交新的好友，可以找到新的游戏以及和朋友交流玩游戏心得

提示

　　Game Center简化了兼容游戏中多人对战的配对，另外，它不但可以通过成就系统，同时也可以通过积分榜为玩家提供炫耀的资本。借助 Game Center，用户可以收发好友请求，可以邀请好友通过互联网参与多人游戏。除此之外，系统还可以自动为用户寻找游戏玩伴。用户可以在 Game Center 中看到游戏中的玩家排名和成绩，并且可以借助好友推荐来寻找新游戏。

第 2 篇

商务应用

网络、邮箱和文档批示问题，手脑一动，轻松搞定。

创商务新天地，享独特新生活

秘技 09 网络问题

使用 New iPad 借助 Wi-Fi 上网有时会遇到一些问题，但是 New iPad 不用 Wi-Fi 还能上网吗？在家里或者是外出怎么上网？

现象 1 不同 Wi-Fi 网络之间切换，造成 New iPad 无法访问互联网

一下子搜索到这么多 Wi-Fi 热点，这个信号微弱，我换！但是成功连接另一个 Wi-Fi 网络后，却不能正常打开网页怎么办？

解决办法：1. 首先尝试打开飞行模式，然后再关闭飞行模式。具体操作如下。

❶ 在主界面上单击【设置】图标。

❷ 单击【飞行模式】右侧的按钮，按钮变为打开状态。

❸ 稍等片刻，再次单击此按钮，关闭飞行模式。

2. 如果问题仍然存在，可以尝试直接输入 Wi-Fi 网络的名称和密码来连接 Wi-Fi 网络。

① 单击【无线局域网】选项。

② 单击【其他】选项。

③ 输入网络名称，选择安全设置后输入密码。

现象 2 如何使用 New iPad 在家里上网

在家里怎么上网？只需在家里的有线网络上加上一台无线路由器，就可以让你的电脑和 New iPad 同时上网啦！

01 连接无线路由器

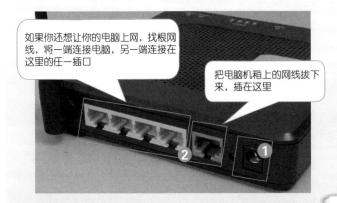

如果你还想让你的电脑上网，找根网线，将一端连接电脑，另一端连接在这里的任一插口

把电脑机箱上的网线拔下来，插在这里

❶ 使用电源线将无线路由器连接电源。

❷ 把电脑机箱上的网线拔下来，插入路由器的 WAN 孔中。

> **提示**
>
> 设置无线路由器之前，需要先在 New iPad 中开启 Wi-Fi 并加入此路由器的无线网络（网络名默认和路由器型号一致）。

02 为什么使用无线路由器无法上网

如果家庭中使用的是中国联通宽带，在无线路由器配置时输入运营商提供的用户名是不行的。这个用户名经过了加密，需要在路由器中输入加密后的用户名才可以。那如何才能知道加密后的用户名呢？

先在电脑中使用宽带客户端，输入提供的用户名和密码进行登录并确保能够上网，然后按照下图操作即可。

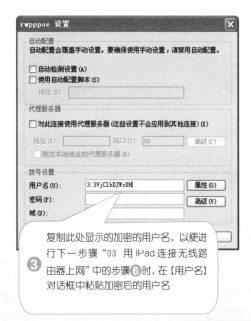

03 用 New iPad 连接无线路由器上网

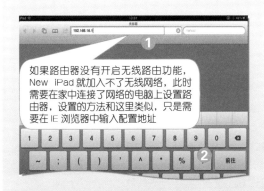

如果路由器没有开启无线路由功能，New iPad 就加入不了无线网络，此时需要在家中连接了网络的电脑上设置路由器，设置的方法和这里类似，只是需要在 IE 浏览器中输入配置地址

❶ 在 New iPad 中单击【Safari】图标，然后在地址栏中输入"192.168.16.1"。

❷ 单击【前往】按钮。

提示

不同的路由器的配置地址不同，可在路由器的背面或说明书中找到对应的配置地址。

❸ 在弹出的【需要鉴定】对话框中输入路由器说明书中指定的用户名和密码，然后单击【登录】按钮。

> **提示**
>
> 使用不同的路由器，此处的界面会稍有不同，这里以 D-Link 路由器为例进行介绍。

如果用的是中国联通网络，则需要输入加密后的用户名

❹ 选择左侧的【设置向导】选项。

❺ 在【互联网连接类型】选项中选择"宽带拨号（PPPoE）"选项。

❻ 在【宽带拨号（PPPoE）】选项下输入用户名、密码等内容。

> **提示**
>
> 此处的用户名和密码是指在开通网络时运营商（中国联通除外）提供的用户名和密码。如果使用中国联通（前网通）网络，可以使用上 "02 为什么我使用无线路由器无法上网" 小节中的方法查找加密后的用户名。

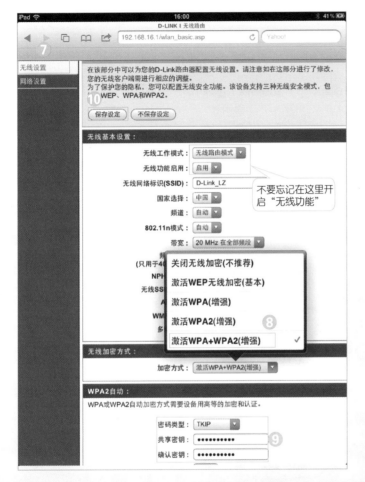

⑦ 选择左侧的【无线设置】选项。

⑧ 在【无线加密方式】选项中选择加密方式为"激活 WPA+WPA2（增强）"选项。

⑨ 在【共享密钥】中输入自己要设置的密码。

⑩ 单击【保存设定】按钮，即可完成路由器的设置，此时 New iPad 就可以搜索到 Wi-Fi 热点，并连接上网了。

提示

　　这里设置密码是为了防止未经授权的人也使用该无线网络。

现象 3 如何使用 New iPad 在酒店上网

有些酒店没有 Wi-Fi 热点，房间中只为笔记本电脑提供了上网用的网络接口，难道用 New iPad 就不能上网了吗？

自己动手，丰衣足食。让我们带齐设备（一个电源插座（可选）、一根网线（可选）和一台无线路由器），搭建属于自己的 Wi-Fi 热点吧！

网线的一端插到酒店的墙体网络接口上

网线的另一端插在这里

RESET 键

❶ 使用电源线将无线路由器连接电源（这时你携带的电源插座就可以起到作用了），打开无线路由器。

❷ 将携带的网线的一端插进酒店的上网接口，另一端插入路由器的 WAN 插孔中。

❸ 连接完成后，你的 New iPad 就可以直接搜索到 Wi-Fi 热点并开始上网了。

> **提示**
>
> 在酒店上网一般不需要输入用户名和密码，路由器需要配置【互联网连接类型】为"动态 IP（DHCP）"，配置方法和现象 1 类似。

现象 4　New iPad 共享 iPhone 4S 的 3G 网络问题

　　没有有线网络，没有无线路由器以及 Wi-Fi 热点，New iPad 还不支持 3G 上网，怎么办？不用急，我们还可以借助其他设备的网络进行共享，只要你有 iPhone 4S，并且 iPhone 4S 可以使用 3G 上网，那么你的 New iPad 也可以上网！

❶ 在 iPhone 4S 中单击【设置】图标，然后在【设置】界面中单击【个人热点】选项。

❷ 单击【个人热点】按钮，使其处于激活状态。

> **提示**
>
> 　　除了 iPhone 4S，现在很多手机也支持共享手机网络，例如：三星 I9100、小米、摩托罗拉 MB525、HTC G14 等。

❸ 在弹出的列表中选择【打开"无线局域网"和蓝牙】选项。

❹ 单击"无线局域网"密码选项，在打开的【"无线局域网"密码】框中的【密码】选项中输入密码。

❺ 单击【完成】按钮。

⑥ 在 New iPad 中单击【设置】▶【无线局域网】选项，在【选取网络】列表中选择【龙数码的 iPhone】项。

提示

这里 iPhone 4S 手机的名字为"龙数码的 iPhone"。

⑦ 在弹出的对话框中输入"龙数码的 iPhone"无线局域网的密码，单击【加入】按钮即可连接 iPhone 4S 产生的 Wi-Fi 热点。

此时就显示 New iPad 已经连接上 iPhone 4S 的网络了。

现象 5 有 3G 信号 New iPad 就能上网吗

没有 iPhone 4S，New iPad 还能使用 3G 网络吗？

不用担心，华为 3G 无线路由器会为你解决这个问题，这里以华为 E5 为例。

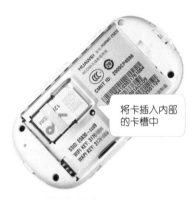

将卡插入内部
的卡槽中

① 将联通的 3G 电话卡插入华为 E5
内部的卡槽，装电池扣、盖子，然后
长按右侧的电源键，直到指示灯变亮。

提示

指示界面左上角的信号标志说明
如下：
绿色表示信号强。
黄色表示信号弱。
红色表示没有网络连接。

"W"标志变蓝，
表示已经开启
Wi-Fi 网络

② 华为 E5 开机的时候默认会打开
Wi-Fi 网络。

③ 使用 New iPad 即可搜索到 E5 的
无线热点了，输入密码即可通过 E5 连
接到互联网了。

提示

对于那些经常外出的商旅人士，或者想随时随地上网的用户，一个 3G
智能手机是自然不能少的。

对于 Android 操作系统手机，版本在 2.2 以上系统自带 "3G 手机热点"
应用，如果没有或版本过低，仅需下载一个 "无线共享" 程序即可。

秘技 10　邮箱问题

邮箱在我们的生活和工作中演绎着一个很重要的角色，在使用过程中，你是否遇到了这些问题：众多邮箱不知道哪个适合你，收件箱收不到邮件，邮件中的附件打不开等。

现象 1　如何选择适合自己的邮箱

邮箱的种类有很多，特点各异。怎样才能选择一个适合自己的邮箱呢？那就先了解它们的特点吧，想用哪个您说了算。

邮箱网站	特　点	邮件附件容量
网易 163 邮箱	国内首家免费邮箱，功能丰富，包括同学录、相册、网易部落等诸多功能，邮箱空间巨大	50MB（支持超大附件的发送，最大 2GB，支持 RAR 格式的附件）
网易 126 邮箱	专业电子邮箱，拥有超大存储空间，支持超大附件。同等网络环境下，页面影响时间最高减少 90%，垃圾邮件及病毒拦截率高，有部分服务是收费的，但是可以选择	50MB（支持云附件，最大 2GB）
QQ 邮箱	可以作为中小企业和机构的免费企业邮箱，还可以作为文件的中转站	50MB（支持超大附件的发送，最大 2GB）
139 邮箱	可通过电脑和手机访问的免费邮箱，随时随地收发邮件，更可在第一时间获取邮件内容	50MB（支持超大附件的发送，最大 1GB）
Gmail 邮箱	邮件到达有效性比较好，容量大，稳定性好且安全系数较高，可使用垃圾邮件过滤服务器	20MB（支持云附件，最大 2GB）
Yahoo 邮箱	不仅收发邮件速度快，可靠性也毋庸置疑	25MB
Hotmail 邮箱	在邮件到达效率和速度方面都显示出了其优势，可以进行语音对话、召开多人网络会议、玩网络游戏、设置重要事件的通知等	25MB
AOL 邮箱	容量大，域名短，方便下载美国资源	50MB

现象 2　收件箱收不到邮件了

邮件怎么没有收到？刚刚注册了一个网站的会员，网站提醒邮件已发送到邮箱，需打开邮件验证，可是翻遍整个收件箱，还是不见踪迹。邮件跑到哪里去了呢？

解决办法：1. 打开浏览器尝试加载网页，以便检查网络连接是否正常。

2. 显示最近邮件的数量已达到上限，将显示最近邮件的数量调高，步骤如下。

❶ 在主界面上单击【设置】图标

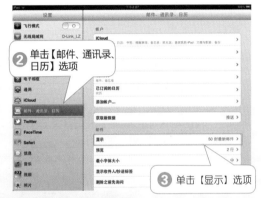

❷ 单击【邮件、通讯录、日历】选项

❸ 单击【显示】选项

❹ 设置数量为200、500 或者 1000

3. 检查是否被收放到了"订阅邮件"、"广告邮件"或者"垃圾邮件"等其他文件夹中。

4. 检查邮箱"来信分类"设置是否正确，若误将朋友的邮箱地址设置了"拒收"、"转发到其他邮箱而未在本邮箱保留"或加入了黑名单，更改设置即可。

5. 检查邮箱"反垃圾"级别设置是否正确，若反垃圾级别设置成"高级"，发件人不在 [通讯录] 或者 [白名单] 中的邮件就被当成垃圾邮件处理，将反垃圾级别调低即可。

单击【电脑版】选项

单击【设置→邮箱设置】

单击此处，检查设置

单击此处，检查设置

单击此处，检查设置

提示

解决办法中的第 3、4、5 步骤是在电子邮件提供商的网站上进行设置检查的。此案例是以 163 邮箱为例，其他邮箱的设置检查可作为参考。

现象 3 未雨绸缪——没有网络也能查看邮件中的附件

王晓明是某公司的客户经理，有一次客户约他到空气清新的郊外见面，他拿着 New iPad 去了，当晓明用 New iPad 的 Mail 程序查看邮件中的附件时，尴尬发生了。郊外没有网络，这个邮件他在公司只是简单地查看一下是否收到，附件没有在线预览，更没有下载。这下完了，生意没有谈成，面子也丢了。其实只要你用 New iPad 的 Mail 程序在线查看并下载过邮件的附件，即使没有网络你也能再次查看邮件附件，记住做事一定要未雨绸缪哦。

❶ 单击【在线预览】选项即可浏览附件。只要你不关闭浏览此附件的网页，即使没有网络，你也能通过浏览器再次看到该附件。

❷ 单击【极速下载】选项或单击 图标都可以下载附件。在下载附件的时候，设备休眠或锁屏就会停止下载附件。极速下载比单击图标下载附件要快，所以用户应注意这几点。

单击在线预览附件的界面

单击图标下载附件的界面

现象 4 电子邮件中的附件无法打开

邮件收到了，但是邮件中的附件却无法打开，怎么回事？

导致原因：电子邮件中的附件有时会打不开，可能是附件中包含不支持的文件类型。New iPad 支持以下电子邮件附件的文件格式。

文件格式	格式所属类型
.doc	Microsoft Word
.docx	Microsoft Word（XML）
.htm	网页
.html	网页
.key	Keynote
.numbers	Numbers
.pages	Pages
.pdf	"预览"和 Adobe Acrobat
.ppt	Microsoft PowerPoint
.pptx	Microsoft PowerPoint（XML）
.txt	文本
.vcf	联络人信息
.xls	Microsoft Excel
.xlsx	Microsoft Excel（XML）
.rar	压缩文件（目前使用网易邮箱接收支持）

现象 5 与荣俱荣，与焚俱焚

在网页邮箱上能收到的邮件，在 New iPad 的 Mail 程序上也能收到，你看我也看，你收我也收。真是与荣俱荣！

在网页邮箱上删除邮件，在 New iPad 的 Mail 程序上就再也看不到那个邮件了。同样在 New iPad 的 Mail 程序上删除邮件，在网页邮箱上，那个邮件也会永远消失，这就是与焚俱焚。

小强说："使用 New iPad 的 Mail 程序查看邮件真方便，直接可以看多个邮箱的邮件，但是有的时候收件箱中的邮件太多，就删除了很多，结果失误地把重要文件删除了，删除就删除吧，反正在网页邮箱上还能看到，可是我心里没底啊！还能看到那个邮件吗？"

一个"过来人"告诉他："你完了，你走我的老路了，那个重要的文件你再也看不到了，在 New iPad 上删除邮件一定要慎重。现在我就学乖了，把重要的文件都用小红旗标记。看看我的标记步骤吧！记住啊，别在 New iPad 的 Mail 程序上乱删重要的邮件，否则那个邮件就再也找不到。"

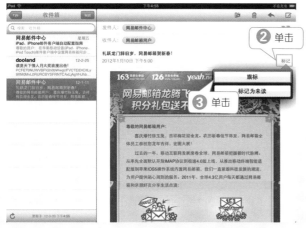

❶ 在主界面上单击【Mail】图标。

❷ 打开需要标记的邮件，单击右上角详细资料字样，弹出隐藏、标记字样，单击标记即可。

❸ 单击【旗标】选项即可标记该邮件。

秘技 11 如何批示办公文档

　　别人发给你一篇 PDF 文档，你发现了问题，如何直接批示办公文档？很简单，借助【全能笔记本】这个应用软件，你可以轻松办到。

现象 1　如何打开要批示的文档

程序名称：手写笔记本（GoodNotes）
大小：19.7MB
系统要求：iOS 4.0 或更高版本
功能：记笔记、画草图、注释 PDF 文档

❶ 在 New iPad 中单击【GoodNotes】图标。

❷ 在【GoodNotes】界面中单击【+】按钮。

❸ 弹出对话框，单击【iTunes】选项。

❹ 弹出对话框，单击【iPad 商务应用】文档，从 iTunes 输入到 GoodNotes 中。

提示

　　下载一个【USB Sharp 文件管理】（无线加密 U 盘）应用程序，GoodNotes 就可以打开邮件中的附件（PDF 格式的附件），可直接进行文档批示。

现象 2　直接批示文档

❶ 在【GoodNotes】界面中单击 "iPad 商务应用" 文档，即可打开文档。

❷ 在打开的文档界面中单击 🖊 图标。弹出编辑菜单栏。

❸ 单击荧光笔，选择批示时笔触的显示样式，即可在文档中进行批示。

❹ 批示完成后，单击 🖊 图标。

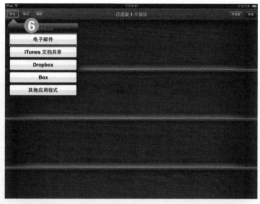

⑤ 在顶端单击【文库】按钮，返回到【GoodNotes】界面，单击【编辑】按钮，再单击文档（即标记文档）。

⑥ 单击【导出】按钮，弹出快捷菜单，单击【电子邮件】选项。

⑦ 在弹出的对话框中单击【PDF】选项。

⑧ 在弹出【PDF 导出选项】中。单击【背景和笔记】选项，开始导出。

⑨ 导出完成后，弹出邮件编辑界面，输入收件人地址，单击【发送】按钮即可。

秘技 12 在 New iPad 中查看常用的办公文档

　　要出差赶飞机，有重要办公文档要放入 New iPad 中，在商谈业务时用，但没有安装 Office 办公应用程序，时间着急，怎么办？

　　想必，QQ 是大家必装的应用程序，有了它，马上搞定这些难题。

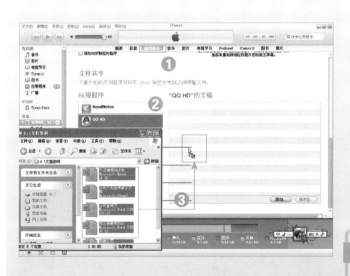

❶ 使用数据线连接 New iPad 与电脑，在电脑中打开 iTunes，单击 iTunes 界面左侧识别的 New iPad 名称，然后在右侧界面中单击【应用程序】选项卡。

❷ 在【文件共享】下的应用程序列表中单击【QQ HD】。

❸ 将重要办公文档拖曳到"QQ HD"的文稿列表中。

提示

　　QQ HD 版本必须在 2.6 以上。

④ 登录 QQ，在 QQ 界面中单击❖按钮，然后单击【我的文件夹】选项。

⑤ 在弹出的"我的文件夹"窗口中，单击【iTunes 共享文件夹】选项。

⑥ 单击要查看的文档（这里单击查看"公司产品宣传演示文稿.ppt"文档）。

秘技 13 数据传输的应用

　　数据的传输是 New iPad 最常用的操作之一，也是商务办公必不可少的应用。

现象 1 用 QQ 把 New iPad 变身移动硬盘

　　New iPad 不同于其他移动设备，它不能将自身的内容空间在电脑中显示，并做为数据存储的硬盘。其实实现数据在 New iPad 与电脑间的双向互传并不难，我们这里就以 QQ HD 应用程序为例，将 New iPad 变身移动硬盘，实现数据的双向互传。

① 将要传输的文件拖曳到"QQ HD"的文稿列表下即可。

提示

如果文件夹不能拖曳到列表中，可以将文件夹压缩后，再拖曳到列表中。

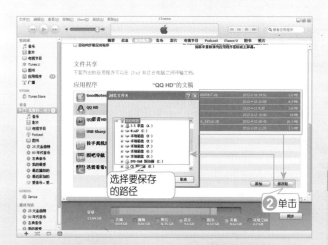

② 在另一台电脑上打开 iTunes，选中要导出的数据，然后单击 保存到 按钮，在弹出的【浏览文件夹】对话框中选择要保存的路径即可。

提示

凡是"文件共享"下的程序，都可以用于存储各种格式文件。在另一台电脑中，导出 New iPad 中数据是不需对该电脑授权的。

现象 2　用 QQ 将重要文件传输给对方

　　如果身边没有电脑，如何将一些数据传输给对方，其实使用 QQ 也可以将一些 New iPad 不能识别的文件传输给对方，前提是文件存储在"iTunes 共享文件夹"中。

❶ 登录 QQ 后，打开【iTunes 共享文件夹】窗口，然后单击【编辑】按钮。

> **提示**
>
> 　　可按上一小节的方法，将文件导入到 QQ 程序中的 iTunes 共享文件夹中。

❷ 选择要传输的文件，然后单击【复制到】按钮。

> **提示**
>
> 　　必须将 iTunes 共享文件夹中的文件复制到其他文件夹中，才可在 QQ 中传输。

③ 在弹出的文件夹列表中，选择任一文件夹（这里选择"其他"文件夹）。

④ 打开聊天窗口，单击 📁 按钮，选择其他文件夹下的文件，单击该文件，然后会弹出【发送】按钮，单击它即可发送。

秘技 14 不同设备平台的数据共享

    iCloud 很好地解决了苹果设备间的数据传输问题，但有很大局限性，所以在其他文件传输与共享上，却是一个软肋，而金山快盘就弥补了这个不足，只要你把文件资料放到金山服务器上，不管你在哪里，只要有网络随用随取，也可实现多平台数据传输和共享。

程序名称：金山快盘　　　　　　大小：2.9MB

系统要求：iOS 3.2 或更高版本

特色功能：(1) 支持查看照片、PDF 文档、Office 2003 和 2007 文档；

(2) 查看过的文件，会缓存至 New iPad 中，没有网络也可查看；

(3) 邮件附件也可上传到金山快盘中，实现文件共享。

01 在电脑中，上传文件到金山快盘服务器

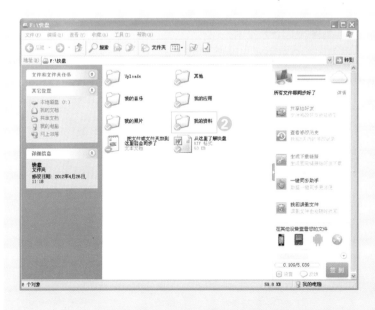

❶ 下载并安装电脑端金山快盘软件后，启动快盘，注册账号并登录，然后单击右下角的 图标进入快盘文件管理界面，或在【我的电脑】▶【金山快盘】进入即可。

❷ 单击文件夹（这里选择"我的资料"文件夹）。

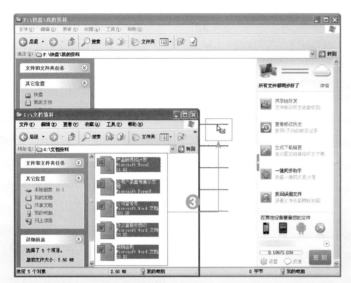

③ 选择要传输的文件，然后拖曳文件到该快盘中。

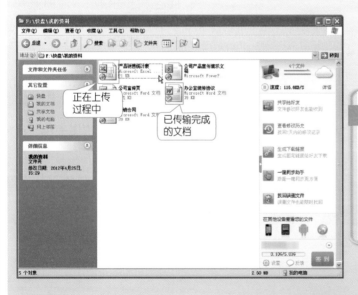

④ 片刻后，文件即可传输完毕。

提示

除了在电脑中传输，也可在其他平台传输文件，如网页版金山快盘、安卓版金山快盘，iOS版快盘仅支持传输照片、常用文件格式，支持格式少。

02 在 New iPad 中，下载服务器中的文档

单击查看文档

打开的文档

① 在 New iPad 中下载并安装金山快盘 HD，再登录快盘，然后单击【查看所有文件】➤【我的文件】➤【我的资料】（在电脑中上传到哪个文件夹中，就选择 New iPad 中同名文件夹），此时即可看到上传的文件。

② 单击要查看或下载的文档（仅支持查看照片、PDF 文档、Office 2003 和 2007 的文档）。首次查看后，文档就会被缓冲到 New iPad 中，今后即使在没有网络的情况下也可查看。

提示

如果进入该文件夹并未发现文档，可单击右上角的 C 按钮，进行刷新即可。

03 在 New iPad 中，向服务器中传输照片

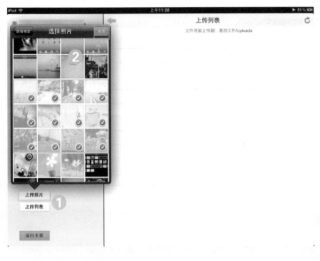

1 单击界面左侧的【上传照片】按钮。

2 在弹出的相册对话框中，选择相册，然后选择要上传的照片（可多选），最后单击【完成】按钮即可上传。

> **提示**
>
> 上传完毕后，可以在【上传列表】和【Uploads】文件夹中找到。

04 将邮件中的附件保存至金山快盘中

1 按住要保存的文件不松手，直至弹出对话框。

2 单击【打开方式：金山快盘HD】选项。

③ 此时，该文档即会上传到金山快盘服务器上，也可查看缓冲并保存到 New iPad 中。

提示

　　为了保障文档内容的隐私，可在【设置】中锁定账号，输入密码才可访问，即使断网也可解锁访问。

　　除了通过客户端管理，也可在网页上对自己的资料进行管理，在 Safari 浏览器中输入网址"www.kuaipan.cn"即可。

文件管理页面，可对文件进行移动、删除等操作

第 3 篇

系统设置

在使用 New iPad 的过程中，难免会出现这样或那样的问题，尤其是在系统设置方面，让你焦头烂额。不用急，相信在这里，你可以谈笑间让"疑难"灰飞烟灭。

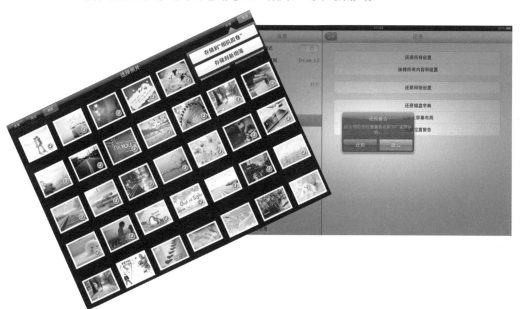

玩转系统设置，轻松应对故障

秘技 15 New iPad 连接电脑无法充电

　　默认状态下使用 USB 2.0 线缆连接 New iPad 和电脑（苹果电脑除外）是不能充电的，因为电脑的 USB 端口电压无法达到 New iPad 的充电电压。New iPad 右上角会显示"没有充电"的字样。

　　只需在电脑中安装华硕推出的"ASUS Ai Charger"小软件。

　　但是，这种充电方式还是有一定风险的，推荐使用原装的电源适配器进行充电。

正在充电状态

充电图标

❶ 安装后，重启电脑。

❷ 连接 New iPad，就可以看到任务栏右下角的充电图标，表示正在充电。

秘技 16 消失了的程序图标

　　找不到程序图标，就无法进入程序，那么，一起来找回消失了的程序图标。

1. 利用搜索功能

程序太多、太乱，一下子难以找到需要的程序。此时，我们可以使用 New iPad 的搜索功能找到它们。

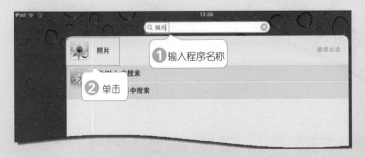

❶ 输入程序名称

❷ 单击

❶ 在搜索界面的文本框中输入软件的名称并确认。

❷ 在文本框下方联想的关联程序或文件中，单击要找的软件即可。

2. 解除被"禁闭"的程序

Safari、相机、FaceTime 系统自带的程序消失了，那么最大原因就是被"访问限制"了，关闭受访问限制的程序即可。

在【设置】▶【通用】▶【访问限制】▶【允许】列表中，选择被禁止使用的应用程序，比如单击【Safari】右侧的 按钮，当该按钮变成 时，表示【Safari】程序已经被允许使用。或者单击【停用访问限制】选项，并输入密码也可显示。

3. 快速启动栏中程序图标不见了

快速任务栏中的"照片"程序图标不见了，我们只需还原主屏幕布局即可找回消失的"照片"程序图标。

❶ 在【设置】➤【通用】➤【还原】中，单击【还原主屏幕布局】。

❷ 在弹出的【还原警告】对话框中，单击【还原】按钮即可还原。

提示

也可在屏幕中找到不见的快捷程序图标，然后按住该图标 2 秒后松手，此时图标开始抖动，并将其拖入快捷任务栏中，方便使用。

秘技 17 应用程序运行故障

在使用程序时，难免会遇见一些故障，如运行时崩溃、无法启动等。

现象 1 应用程序运行时崩溃

原因：多为后台运行程序过多，致使 New iPad 内存不足；也有可能是程序自身存在 Bug, 等待更新即可。

解决办法：长按【Home】键返回到主屏幕，双击【Home】键打开程序管理栏，关闭不使用的程序或重启设备，然后再打开该程序看是否有所改善。若无法运行，可能是系统出现问题或是越狱导致的。

按住要关闭的游戏图标，直至图标开始抖动，单击图标左上方的⊖按钮，将其关闭

现象 2 应用程序打开又关闭

原因：(1) 后台运行程序过多，导致内存不足；

(2) 设备系统问题；

(3) 越狱导致的。

解决办法：

1. 优化系统内存。

打开程序管理栏，关闭不使用的程序或重启设备释放系统内存。也可以使用第三方程序进行优化。

2. 恢复先前备份。

❶ 使用数据线将 New iPad 与电脑连接，然后在 iTunes 左侧右击识别出的 New iPad 名称。

❷ 在弹出的快捷菜单中选择【从备份恢复】命令。

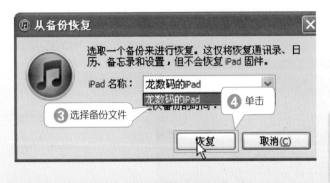

③ 在弹出的【从备份恢复】对话框中的【iPad 名称】下拉列表框中选择一个备份文件。

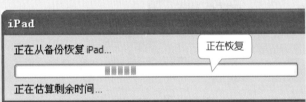

④ 单击【恢复】按钮，即可开始恢复，几分钟后，New iPad 自动重启，恢复完成。

3. 恢复出厂设置

　　New iPad 恢复先前备份并重启后，再尝试启动该应用程序看是否能够正常运行。如果问题依然存在，可能是由于越狱导致的，可尝试恢复 New iPad。

① 使用数据线将 New iPad 与电脑连接，然后在 iTunes 左侧单击识别出的 New iPad 名称。

② 在右侧界面中单击【摘要】选项卡。

③ 在【摘要】界面的【版本】下单击【恢复】按钮。

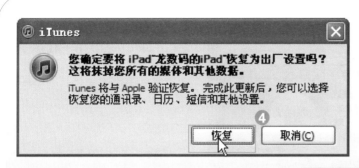

④ 在弹出的对话框中，单击【恢复】按钮即可。

秘技 18 系统反应迟钝

New iPad 使用时系统反应越来越迟钝，已然没有了指尖滑动的畅快淋漓，不时嘴里冒句"快点吧，等得花都快要谢了"，可是程序还没能如愿地响应过来。与其坐等程序响应，不如动手解决吧。

1. 重启设备

可能由于运行程序过多，内存不足，导致程序响应缓慢。此时，可重启 New iPad 再进行使用。

2. 利用程序优化内存

当然，有人觉得重启设备也是个麻烦事，使用一些程序清理一下内存会更好一些，也更彻底。是的，完全可以，下面介绍内存管理器的优化方法。

软件名称：内存优化大师
大小：3.5MB
运行环境：iOS 3.2 或更高版本

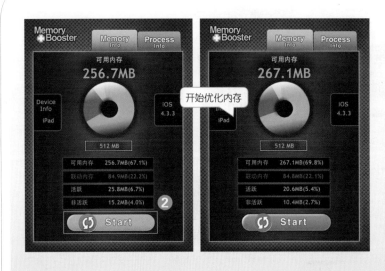

❶ 在 New iPad 中下载并安装【内存优化大师】软件后，在主界面中单击图标打开该软件。

❷ 在打开的界面中单击【Start】（开始）按钮，开始自动对 New iPad 内存进行优化。

3. 重置 New iPad

重启或优化 New iPad 内存后，运行依然有问题，但又不知道什么原因的情况下，可以尝试还原所有设置（通讯录、日历、歌曲、视频等不会被删除）以求解决。

❶ 在主屏幕上单击【设置】图标。

❷ 在左侧列表中单击【通用】选项。

❸ 单击【还原】选项。

④ 单击【还原所有设置】选项。

⑤ 在弹出的对话框中，单击【还原】选项即可还原所有设置。

4. 格式化 New iPad

除了重置 New iPad，当然可以选择格式化 New iPad，还原出厂值并抹掉所有数据回到初始状态，这样更直接了当。

① 在【设置】▶【通用】▶【还原】中，单击【抹掉所有内容和设置】选项。

② 在弹出的对话框中，单击【抹掉】选项即可格式化 New iPad。

如果 New iPad 无法进入设置功能，可在 iTunes 中恢复为原始设置。

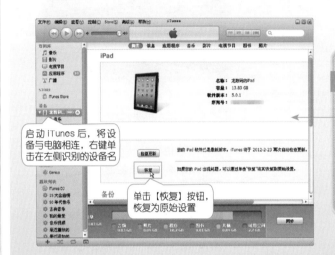

启动 iTunes 后，将设备与电脑相连，右键单击在左侧识别的设备名

单击【恢复】按钮，恢复为原始设置

提示

抹掉 New iPad 之前，要确保重要数据已备份，否则所有数据将被抹掉。另外，日常为确保数据安全，可在【通用】界面中开启访问限制功能。

秘技 19 程序无法在 New iPad 中删除

在主屏幕上按住图标，直至程序抖动，但却始终没有出现删除按钮，以至于无法删除应用程序。那么，究竟是什么原因呢？

原因：(1) 系统自带程序无法删除，如 "Safari"、 "照片"、 "相机" 等。

(2) 所有程序均无法删除，由于访问限制打开，禁止删除应用程序操作；

(3) 程序下载未完成，由于一些原因，设备显示已安装完整，却无法删除；

(4) 越狱导致。

解决办法：

1. 关闭访问限制或允许删除应用程序。

❶ 在主屏幕上单击【设置】图标。

❷ 单击【访问限制】选项。

❸ 在弹出的【输入密码】对话框中，输入访问限制的密码。

④ 单击【删除应用程序】右侧的

⬤ ○ 按钮，当该按钮变成 ⬤ 时，表示删除应程序已经被允许使用。或者单击【停用访问限制】选项，并输入密码也可。

2.iTunes 同步应用程序。

在 New iPad 中下载程序的过程中，由于网络不通畅或其他原因，导致设备显示已安装完整，但却无法删除，此时可以使用 iTunes 同步应用程序将该程序同步掉即可。

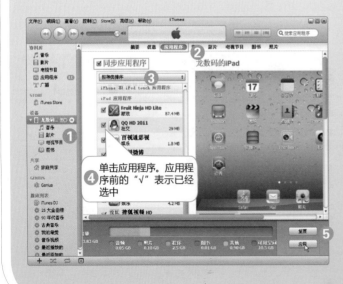

❶ 在左侧列表中单击【设备】列表中识别出的 New iPad 名称。

❷ 单击【应用程序】选项。

❸ 复选【同步应用程序】项。

❹ 复选要进行同步的应用程序（或者选择应用程序后，直接将其拖曳到右侧的主界面上）。

❺ 单击【应用】按钮，开始进行同步即可。

3. 利用第三方软件直接删除程序文件

由于使用其他第三方软件，在越狱后安装的应用程序，导致无法删除。此时，可以使用一些软件将该程序文件直接删除并重启设备即可，如 iTools、ifunbox 等。下面讲一下 iTools 的使用。

下载地址：http://itools.hk/tscms/

① 在电脑中下载并启动"iTools"，使用数据线将设备与电脑相连，在左侧单击识别的设备名（这里识别的名为"龙数码的 iPad"）。

② 单击【文件管理】选项。

③ 单击【程序（用户）】选项。

④ 在右侧程序列表中，单击要删除的程序文件，再单击【删除】按钮。

⑤ 在弹出的【提示】对话框中，单击【是（Y）】按钮。删除后，退出该软件，并重启 New iPad，即可发现该程序已被删除。

> **提示**
>
> 在执行删除程序文件的操作时，切勿删除【程序（系统）】下的文件，否则很容易出现各种系统故障，以至系统瘫痪。

秘技 20 iCloud 使用中存在的问题

如今，云计算已运用得如火如荼，它已并不是一个陌生的词汇。Apple 公司也迎合了云计算时代的发展，给"果粉"们带来了 iCloud。

iCloud 方便我们存放照片、应用软件、电子邮件、通讯录、日历和文档等内容，而且可以以无线的方式将它们推动到你所有的设备中。另外，最常用的照片流功能，你用一部 iOS 设备拍摄的照片，它会在其他设备照片流中出现。

当然，在感慨它给我们带来了极大方便时，却也或多或少遇见这样、那样的问题，让我们焦头烂额。

现象 1 iCloud 备份了哪些东东

当我们兴奋于在设备中进行 iCloud 备份时，却对它具体备份了哪些东西浑然不知。那么，它到底都备份了什么呢？且往下看。

iCloud 会备份以下信息。

(1) 购买的应用程序和下载的电子书。

(2) 相机胶卷中的照片和视频。

(3) 设备的设置信息（如设置的墙纸、邮件、通讯录、日历的账户等）。

(4) 应用软件数据。

(5) 主屏幕与应用程序管理。

(6) 信息（iMessage、短信和彩信）。

现象 2 如何使用 iCloud 云备份

用 iCloud 备份绝对是一件方便的事，在设备通电时都会通过 Wi-Fi 对数据进行自动备份。如果不使用 iCloud 去备份，那么真是暴殄天物，浪费了这个强大的功能。下面就看一下如何去备份的。

❶ 在主屏幕上单击【设置】图标。

❷ 单击【iCloud】选项。

❸ 在 iCloud 界面中，输入 Apple ID 和密码，单击【登录】按钮进行登录。

❹ 单击【存储与备份】选项。

提示

在 iCloud 界面，单击备份项目后面的开关按钮，可选择性地对数据进行备份，这样可以节省 iCloud 的存储空间，也可以节省备份时间。

⑤ 单击【iCloud 云备份】右侧的 ⊂⃝ 按钮，当该按钮变成 ▮⃝ 时，即开启云备份功能。

⑥ 在弹出的【开始 iCloud 云备份】对话框中，单击 "好" 按钮，即可备份。

设备正在进行备份中

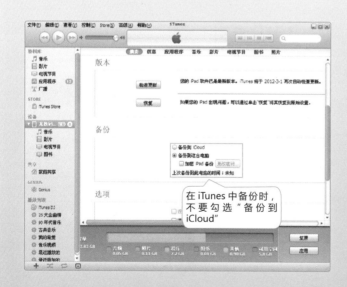

在 iTunes 中备份时，不要勾选"备份到 iCloud"

现象 3 iCloud 云恢复

用 iCloud 进行了备份，那么什么时候需要恢复呢，如何恢复备份的重要信息及设置呢？相信不少人都心存这个疑团。一般系统出现故障，或更新固件时，在 iOS 5 的初始设置界面，就可以选择恢复 iCloud 备份了。

❶ 在【设置 iPad】界面，单击"从 iCloud 云备份恢复"，然后单击【下一步】按钮。

❷ 输入相应的 Apple ID 和密码，然后单击【下一步】按钮。

提示

在【设置】中，选择【还原所有设置】或在 iTunes 中恢复、更新固件时也可进入该设置界面。

❸ 在"条款和设置"界面，单击右下角的【同意】按钮，然后在弹出的对话框中，单击【同意】按钮。

④ 在【选取备份】界面选择要恢复的最新备份,并单击【恢复】按钮即可进入恢复状态。

⑤ 恢复完成后,会自动重启设备。重启后,在主屏幕上弹出的对话框中,单击【好】按钮即可重新下载购买的应用程序和媒体。

提示

下载购买的应用程序速度较慢,也可删除没必要的应用程序或通过 iTunes 将程序同步到设备中,以节省时间。

现象 4　iCloud 云备份和云恢复失败

在对 New iPad 进行云备份或恢复时,难免会因为一些问题导致设备无法备份或恢复的现象。对于这些突如其来的状况,我们大可不必着急,分析一下原因,再行解决。

1. 提示 "iCloud 云备份失败"

启用云备份时，弹出提示框 "iCloud 云备份失败"。

解决方法：

(1) 按照提示，单击对话框中的【再试一次】按钮，尝试是否成功启用。

(2) 关闭并重新开启 WLAN 网络，再尝试启用 iCloud 云备份。

(3) 尝试借助 iTunes 进行云备份。

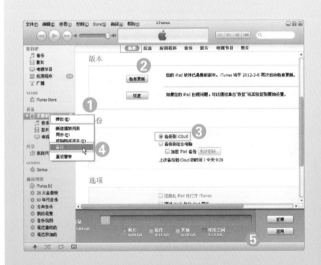

❶ 使用数据线将 New iPad 与电脑连接，然后在 iTunes 左侧单击识别出的 New iPad 名称。

❷ 在右侧的界面中单击【摘要】选项卡。

❸ 在【摘要】界面的【备份】下单击【备份到 iCloud】选项。

❹ 右击识别的 New iPad 名称，在弹出的快捷菜单中，单击【备份】选项，进行备份。

❺ 备份完毕后，单击 iTunes 右下角的【应用】按钮。

⑥ 单击显示出来的【同步】按钮，同步至手机中。

2. 提示 "Not Enough Storage（没有足够的存储）"

　　这是由于剩余的存储空间不够，无法满足对设备的备份。

解决方法：

　　在管理存储空间界面，腾出更多空间。具体解决方法可参见 "现象 5　iCloud 云存储空间不够用" 小节内容。

3. 提示 "需要 Wi-Fi 连接来下载您的应用程序和媒体。"

　　iCloud 云备份需要 在 WLAN 网络才能从 iCloud 云备份进行恢复。这种情况表示尝试恢复未完成，以及 New iPad 未连接到 Wi-Fi 网络。此时，一定要确保设备已连接到 WLAN 网络并且通过 WALN 可以成功连接到互联网。

4. 提示 "目前正在恢复此 iPad，完成后将会自动备份。"

显示此信息表示在执行后台恢复时无法进行备份。您应在恢复完成之后再尝试备份。

5. 提示 "无法恢复您的 iPad，因为您不再接入互联网。"

在恢复期间下载文件时，到 icloud.com 的互联网连接发生中断。您应使用更为可靠的网络再次尝试恢复。确保 New iPad 设备可以通过 Wi-Fi 成功连接到互联网。

6. 提示 "未完成恢复 - 无法从 Store 下载一些项目。如果这些项目在您的电脑上，您可以用 iTunes 来恢复。"

部分数据（例如，因法律原因从 App Store 中删除的应用程序）未恢复。请等待几分钟，然后在连接到可靠的 Wi-Fi 网络后再次尝试恢复。如果未恢复的数据也存在于 iTunes 资料库中，您可以通过 USB 线缆同步将其同步回 New iPad 设备来加以解决。

7. 提示 "无法从 iCloud 云备份恢复一些项目。"

部分数据（如 "相机胶卷" 照片、视频和应用程序数据）未成功从备份中恢复。请等待几分钟，然后在连接到可靠的 Wi-Fi 网络后再次尝试恢复。

8. 提示 "下载其他已购项目吗？仍有已经购买的应用程序和媒体尚未下载。您要下载这些已购项目，还是将它们及应用程序数据一起删除？"

"备份恢复" 似乎已被当初启动它的 iCloud 用户取消。如果不是这种情况并且您未取消恢复，则应重新启动恢复。

9. 提示 "若从 iPhone 备份来恢复此 iPad，其设置将不会被恢复。"

从 iPhone 4S 备份恢复 New iPad 时会发生这种情况。只能恢复已购买的应用程序（包括其中的数据）和图书。

10. 提示 " 'iCloud 云备份' 无法访问账户 'XXXXXX@163.com' 。请在 '设置' 中复核您的账户信息。"

iCloud 无法鉴定在您在 iCloud "设置" 中输入的 iCloud 账户密码（此处的 XXXXXX@163.com 仅为示例）。如果您重设了 iCloud 密码，但尚未在 New iPad 设备上的 iCloud "设置" 中重设密码，通常就会发生这种情况。因其他原因（如无法连接到 iCloud 鉴定服务器）导致鉴定失败时，也会发生这种情况。

11. 提示 "无法恢复您的 iPad，因为您的备份数据有问题。请选取其他备份源来恢复。"

您的 "备份" 似乎无法使用。如果看到此警告，请等待几分钟后再次尝试。如果问题仍然存在，请联系 iCloud 支持寻求帮助。

现象 5　iCloud 云储存空间不够用

iCloud 云备份时或不知哪一天，莫名弹出地一个提示框说 "没有足够的存储"，是不是手足无措，不要紧，下面教你几招轻松搞定存储空间问题。

提示 "没有足够的存储"

解决办法：
1. 关闭不需要备份的项目。

❶ 在【设置】➤【iCloud】➤【储存与备份】➤【管理储存空间】中，单击要备份的设备名称（这里选择"龙数码的 iPad"）。

❷ 单击【备份选项】列表下不希望备份的数据，单击程序右侧的按钮。

❸ 在弹出的【关闭并删除】对话框中，单击【删除】按钮，此时右侧按钮变为，表示已关闭。

提示

除了直接关闭要备份的项目外，也可以直接删除该程序下无用的数据，以减轻储存空间的负担。

2.删除其他备份。

① 在【设置】➤【iCloud】➤【储存与备份】➤【管理储存空间】中，单击要备份的设备名称，进入【信息】界面。

② 单击【删除备份】按钮。

③ 在弹出的【关闭并删除】对话框中，单击【删除】按钮即可。

提示

建议最好是在 iPhone 4S 中使用统一的 Apple ID 账号，关闭较大或无关紧要的数据，再行备份。

3. 删除现有备份，再进行备份。

❶ 在【设置】➤【iCloud】➤【储存与备份】➤【管理储存空间】中，单击要备份的设备名称，进入【信息】界面。

❷ 单击【删除备份】按钮删除备份的数据，再对设备进行备份即可。

提示

　建议最好是在 New iPad 中使用统一的 Apple ID 账号，关闭较大或无关紧要的数据，再行备份。

4. 购买储存空间。

在【设置】➤【iCloud】➤【储存与备份】中，单击【购买更多储存空间】选项，在弹出的对话框中，选择要购买的升级方案，并单击对话框右上角的【购买】按钮，进行购买。

5. 在电脑上管理云储存空间。

除了在设备上管理 iCloud 云储存空间，在电脑上也可以，只需下载一个 iCloud 控制面板管理软件即可轻松管理，而且还能使用照片流、联系人、日历等。

下载地址：Windows 平台（仅支持 Windows 7 和 Vista 系统）

http://support.apple.com/downloads/DL1455/zh_CN/iCloudSetup.exe

❶ 在电脑中，下载并安装 iCloud 控制面板软件后，根据提示重启电脑。

❷ 重启电脑后，进入控制面板界面，单击【iCloud】选项。

> **提示**
>
> 　　MAC 可 以 安 装 OS X Lion 10.7.2 和 iPhoto 9.2 或 Aperture 3.2。

❸ 在 iCloud 登 录 界 面，输 入 Apple ID 和密码，然后单击【登录】按钮。

④ 在 iCloud 界面，单击【管理】按钮。

⑤ 选择要删除的备份，然后单击【删除】按钮，进行删除。

秘技 21 照片流使用中的常见问题

在讲照片流之前，我们先说一个趣事。话说有一个 iPhone 4S 用户，不小心将手机丢失，不过庆幸的是，他使用照片流功能找到了捡到他手机的那个人，最终要回了手机。那么他是如何办到的呢？其实很简单，捡到手机的那个人用 iPhone 4S 玩自拍，就在瞬间的工夫，那些照片就流入到 iPhone 4S 用户的其他 iOS 设备中，找到手机自然不是问题。

我们假设这样的剧情，一个人被绑架了，可以通过照片流传输犯罪人的照片、作案现场等，那破案就更加神速了。当然这些都是玩笑话，旨在让你明白照片流的功能，其实它是很强大的，不过不足的是仅支持 WLAN 网络下的推送。

有了照片流，可以高效管理您的照片，无需同步，无需发送，多台设备同时拥有。
下面也列出了照片流使用中的常见问题，让大家轻松玩转照片流。

现象 1 如何开启照片流功能

开启照片流的步骤相当简单，仅需几步即可完成。

① 在【设置】➤【iCloud】中，单击 iCloud 界面中的【照片流】选项，然后单击 按钮，打开照片流功能。

② 开启成功后，即可在照片程序中，看到【照片流】相簿，然后在 iOS 设备中拍摄下来的照片都将自动通过 iCloud 照片流添加到该相簿中。

提示

上传到照片流的照片，会在 iOS 设备中保存最近 30 天的 1000 张照片，因此在足够时间内将照片导入到其他相簿中（方法可参见下一页 "现象 2 如何导出照片流中的照片" 小节内容），以便在设备中永久保存。

现象 2　如何导出照片流中的照片

照片流中的照片有 30 天的"保存期"，如果过了 30 天就自动删除了，那么如何才能避免这样的悲剧发生呢，那就是将照片导出来，以便永久保存。

1. 导入到其他相簿中

❶ 在主屏幕上单击【照片】图标。

❷ 单击【照片流】按钮。

❸ 单击右上角的 图标。

❹ 在下方选择要导入其他相册的照片，然后单击右上角的【存储】按钮。

❺ 在弹出的快捷菜单中，选择【存储到"相机胶卷"】选项，即可将选中照片导入到"相机胶卷"相簿中。

> **提示**
>
> 也可以选择【存储到新相簿】选项，新建一个相簿，存储导出的照片。

2. 导入到电脑中

虽然可以将照片流中的照片导入到其他相簿中，然后使用 iTunes 或其他软件工具导入到电脑中，但是方法却显得格外蹩脚。使用 iCloud 控制面板可以轻松将照片流中的照片导入到电脑中。

❶ 打开 iCloud 控制面板，并登录 iCloud。

提示

如果无法执行步骤 ❷ 的操作（找不到文件夹地址），可在 iCloud 控制面板上，单击【照片流】右侧的【选项】按钮，即可显示下载和上传文件夹的具体位置。

也可以通过【选项】按钮来更改位置。

❷ 打开桌面上的【个人文件夹】，然后打开 "我的图片\Photo Stream\My Photo Stream" 文件夹，选择要导出的照片（按 Ctrl+A 组合键可全选），并单击鼠标右键，在弹出的快捷菜单中，单击【复制】选项。

❸ 在电脑中新建一个文件夹并打开，单击鼠标右键，在快捷菜单中单击【粘贴】按钮即可导出照片。

现象 3 将照片导入到设备的照片流相簿

将电脑中的照片导入到照片流相簿中，让其他 iOS 设备共同分享，那该有多好。是的，仅需几步，轻松实现。

❶ 打开桌面上的【个人文件夹】，然后打开"我的图片 \Photo Stream\Uploads" 文件夹。

❷ 打开照片所在的文件夹，选择要导入的照片，拖曳至 "Uploads" 文件夹中即可。

提示

照片流支持的格式有 JPEG、TIFF、PNG 和大部分 RAW 照片格式。

③ 将 New iPad 接入 WLAN 网络，稍等片刻，照片就会自动加载到照片流中。

现象 4 如何在 iCloud 中删除照片流中的照片

下面看一下如何在 iCloud 中将照片流中的照片删除。

① 在电脑中打开 Internet 网页浏览器，登录 iCloud. com。

② 在登录框中输入 Apple ID 账户和密码，按【Enter】键登录。

❸ 单击页面右上角的账户，在弹出的【账户】对话框中，单击【高级】选项。

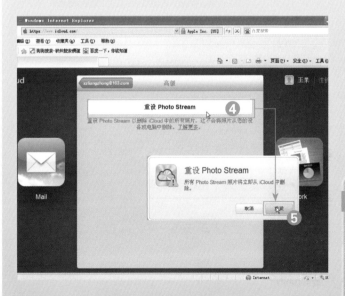

❹ 单击【重设 Photo Stream】选项。

❺ 在【重设 Photo Stream】对话框中，单击【重设】按钮即可。

提示

iOS 系统固件版本 5.1 可直接在设备上删除照片流中单张或多张照片，同时 iCloud 中，照片流的照片也会被删除。

现象 5 如何在设备中删除照片流中的照片

我们将照片流中的照片导出后，自然不希望这些照片浪费了 1000 张的宝贵空间，删除了 iCloud 中的照片后，就可以删除设备中的照片，下面看一下操作方法。

1. 关闭照片流，删除全部照片

❶ 在【设置】➤【iCloud】中，单击 iCloud 界面中的【照片流】选项，然后单击 ⬤◯ 按钮。

❷ 在弹出的对话框中单击【删除照片】按钮。

> **提示**
>
> 在删除照片前一定要确保照片已经永久保存，否则将不会恢复。

2. 删除单张或多张照片

❶ 在主屏幕上单击【照片】图标。

❷ 单击【照片流】按钮。

❸ 单击右上角的 🖼 图标。

④ 单击要删除的照片。

⑤ 选择完毕后，单击【删除所选照片】按钮，即可删除。此时，设备上和 iCloud 中删除的照片都将不存在，因此，务必提前保存。

秘技 22 New iPad 丢失了怎么办

　　日日夜夜的陪伴，New iPad 早已成为你的亲密伴侣，万一哪天不慎丢失，你又怎能忍受失去伙伴的失落和痛苦。所以，让我们未雨绸缪，使用 iCloud 的"查找我的 iPad"功能，有可能会找到丢失的 New iPad，即使找不到，也能远程锁定 New iPad 或清除 New iPad 上面的重要信息。

　　1. 开启"查找我的 iPad"功能

在【设置】➤【定位服务】中，必须开启【定位服务】功能，然后可在该界面【查找我的 iPad】选项中开启服务

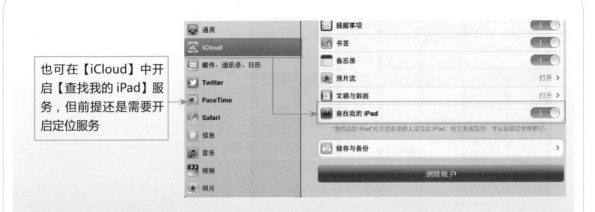

也可在【iCloud】中开启【查找我的 iPad】服务，但前提还是需要开启定位服务

2. 丢失的 New iPad 在哪儿

New iPad 不见之后，相信你一定急于知道它到底在哪儿，那么一起来看看丢失了的 New iPad 的具体位置吧。

在电脑上登录 iCloud.com 网页后（Apple ID 账号需和 New iPad 上的账号保持一致），然后单击【查找我的 iPhone】图标。

New iPad 在地图
中显示的位置信息

稍等片刻后，Google 地图上就会
显示 New iPad 的位置信息。

3. 发送通知信息

我们可以将自己的联系方式以信息的形式发送给 New iPad，以便捡到 New iPad 的人联系到自己。

① 在地图页面，查看 New iPad 设
备信息，单击【龙数码的 iPad（设
备名）】标签。

② 在弹出的【信息】对话框中，单
击【播放声音】或发送信息。

此时，使用者即可看到 New iPad 弹出的那条信息

❸ 在【发送信息】对话框中，编辑信息后，单击【发送】按钮即可。

4. 远程锁定 New iPad

在电脑上也可对 New iPad 进行远程锁定操作，避免丢失后他们随意操作 New iPad，窃取其中的信息。第 1 步与 "发送通知消息" 的第 1 步相同。

提示

如果 New iPad 已经启用屏幕锁定密码，此时会直接弹出对话框提示是否使用现有密码，单击【锁定 iPad】按钮，即可使用现有密码锁定。

此时 New iPad 即可被远程锁定，使用者要解开锁定，必须输入解锁密码

5. 远程清除 New iPad 中的信息

New iPad 丢失后，远程清除 New iPad 中的信息，可以防止他人窃取私人信息。

❶ 在【信息】对话框中，单击【远程擦除】按钮。

❷ 单击【擦除 iPad】按钮，即可永久地删除 New iPad 上所有媒体数据，并恢复为出厂设置。

秘技 23 New iPad 固件的升级

　　固件可以认为是苹果手持设备的操作系统，就像电脑中的 Windows XP。如果一台设备中没有固件，那么这台设备就像是一台没有操作系统的计算机，什么事情都做不了。下面就看一下如何给设备升级固件。

现象 1 根据提示更新固件

　　苹果公司每隔一段时间就会发布新的设备固件，这些固件在原有的版本上会添加某些功能或修复某些漏洞。这时，iTunes 就会提示设备可更新，用户就可根据提示升级设备的固件。

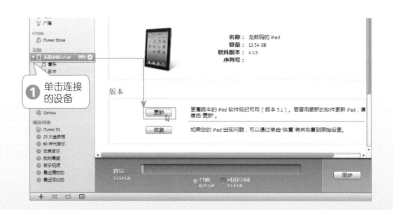

① 单击连接的设备

① 使用数据线将苹果手持设备与电脑连接，之后在计算机中运行 iTunes，在左侧单击识别出的设备图标，在【摘要】选项卡下单击【更新】按钮。

② 弹出【iTunes】对话框，提示用户先备份资料库中的已购买项目，这里单击【继续】按钮。

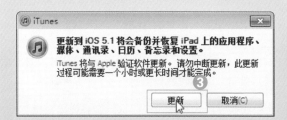

③ 在弹出的提示框中，单击【更新】按钮。

④ 弹出【iPad 软件更新】对话框，单击【下一步】按钮。

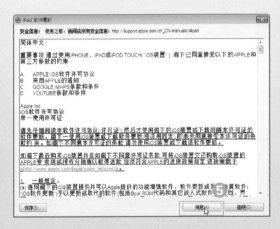

⑤ 之后询问用户是否同意软件更新的许可协议，这里单击【同意】按钮。

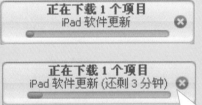

下载软件、更新软件、验证软件及更新软件

⑥ 片刻之后再次弹出【iTunes】对话框，提示用户已恢复出厂值，需要重启设备。这里单击【确定】按钮。

现象 2 手动升级固件

使用自动升级方式只能将固件升级到目前的最新版本，但是一般情况下最新版本都无法完美越狱。如果需要越狱，则需要将固件手动升级到可以完美越狱的版本，在手动升级前，还需要先下载要升级到的固件版本。

❶ 使用数据线将 New iPad 与电脑连接起来。在电脑中运行 iTunes 软件，单击识别出的设备名。

❷ 在【摘要】选项卡下按住【Shift】键的同时，单击【恢复】按钮。

根据 New iPad 的类型和自己的需要，可以选择到如下网站下载固件：

http://www.weiphone.com/ios/

http://www.app111.com/ios.html

❸ 在打开的【iTunes】对话框中选择下载的版本固件，并单击【打开】按钮。

❹ 在弹出的提示对话框中，单击【恢复】按钮后，等待固件更新即可。

提示

手动升级固件，虽然需要提前下载好固件，但比在 iTunes 中下载固件要节省时间。

另外，恢复之后所有的数据和设置都会被删除。

秘技 24 白苹果的自救方式

你在开机时出现白苹果画面，屏幕一直停留在这个画面，无法进入系统，那么很遗憾地告诉你，你中招了，这就是传说中的白苹果。不过先别担心，要相信纸老虎并不可怕，你可以解决的。

造成白苹果的原因有很多种，这里介绍常见的几种现象及解决办法。

现象 1：正常使用中出现白苹果现象

原因：多为外界环境过热或者 New iPad 受到剧烈的震动，也有可能是因为第三方软件编写不完善。

解决办法：长按【Home+Power】键直到黑屏，再重新开机。

现象 2：安装软件、字体时出现白苹果现象

原因：系统不稳定或者软件、字体产生冲突所致。

1. iTunes 能识别 New iPad 时的解决方法

❶ 使用数据线连接电脑和 New iPad，并启动 iTunes，iTunes 识别出 New iPad 后，先备份 New iPad 中所有的资料。

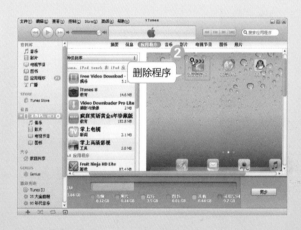

❷ 卸载所有可疑的软件。在卸载软件之前一定要先关闭该软件。如果安装程序后，就已经开始白苹果，则可尝试使用 WinScp 或第三方资源管理软件访问 New iPad，删除之前安装的软件文件夹。

2. iTunes 不能识别 New iPad 时的解决办法

如果上述的两种方法对你的 New iPad 都无效，且没有其他解决的办法，你可以选择重刷固件的方法。

重刷固件的方法相当于把 New iPad 格式化，并重新安装系统，这样 New iPad 中的数据也会被删除。

❶ 长按【Home+Power】键，New iPad 画面全变黑后，松开所有键。

❷ 按住【Home+Power】键，出现白苹果的图案后，松开【Power】键，继续按住【Home】键。

❸ New iPad 出 现 USB 先 连 接 iTunes 的画面，松开【Home】键。

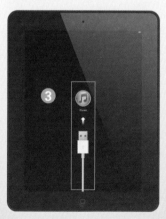

❹ 使用数据线将 New iPad 与电脑连接，在电脑中启动 iTunes，单击识别出的 New iPad 然后单击【摘要】按钮，最后单击【版本】选项下的【恢复】按钮。

提示

此时，也可自行下载官方固件，按住【Shift】键的同时，单击【恢复】按钮进行刷机。

要进行恢复操作，电脑需要联网。

❺ 在弹出的提示框中单击【恢复】按钮，即可将 New iPad 恢复为出厂值。

第 4 篇

进阶秘笈

越狱、同步、重装系统等难题，相信会困扰不少"果粉"，在这里就可以找到解决问题的方法。

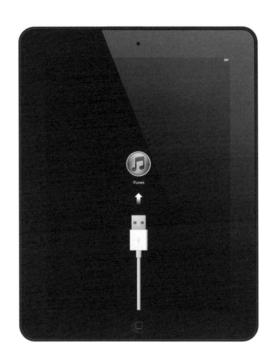

进阶难题，轻松搞定

秘技 25 New iPad 的完美越狱

自从有了 New iPad，"越狱"这个词汇，相信你并不会感到陌生，但是谈到给设备越狱，却没有了十足的底气，变得百般纠结。没关系，读完本节，你会找到适合你的越狱方法，让越狱不再困扰你。

不管是什么版本固件的越狱，还是什么方法，一般只需谨记 3 个步骤，即可轻松完成越狱。

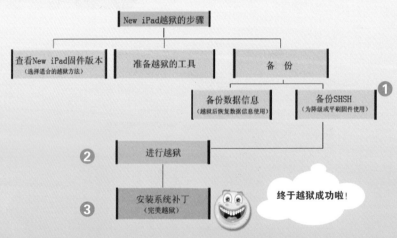

方法 1 常规的越狱方法

这里所说的常规的越狱方法，指我们使用红雪或绿毒等越狱工具直接对设备进行越狱，操作起来有些复杂，但较容易成功。

01 越狱前准备

越狱前需要下载并安装一下软件。

软件名称	下载网址	软件作用
10.5.2 及以上版本的 iTunes	http://www.apple.com.cn/itunes/download/	备份和恢复 New iPad 中的备忘录、应用程序等数据
Absinthe v0.4		越狱的主要工具
iTools	http://itools.hk/tscms/	备份 SHSH

❶ 使用数据线连接设备与电脑，在电脑中启动 iTunes，右击 iTunes 界面左侧列表中识别出的设备名称。

❷ 在弹出的快捷菜单中选择【备份】命令，即可备份。

❸ 使用数据线连接设备与电脑，同时保证电脑可以正常上网，在电脑中运行下载的 iTools 软件，当识别 New iPad 后，在左侧列表中单击【SHSH管理】选项。

❹ 单击【保存 SHSH】按钮，此时该软件就开始获取 SHSH 信息并保存。

获取成功的
SHSH 列表

02 开始刷机

❶ 将下载好的 Absinthe 解压出来，并打开解压的文件夹，右击"absinthe"图标，在弹出的快捷菜单中单击【以管理员身份运行】选项（Windows XP 系统可直接双击打开）。

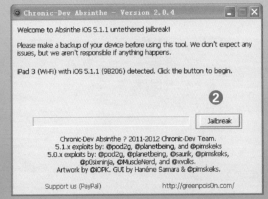

❷ 打开该软件后，将设备连接到电脑上，软件会自动检测设备，待识别后，单击【Jailbreak】按钮，此时设备就进入了越狱状态。

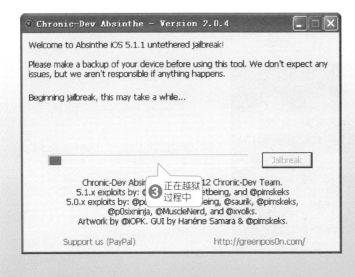

❸ 此时，正在越狱过程中，不要断开 USB 连线，否则会造成系统出现错误，导致无法使用。当进度条读完后，即会提醒完成，这时，就会发现屏幕上出现了 Absinthe，先不要单击该图标。

❹ 此时，可以看到主屏幕上出现了 Cydia 图标。

❺ 单击【Cydia】图标，对其进行装载即可。此时，表示越狱成功，但并不是完美越狱，还需要对系统打补丁。

03 安装系统补丁

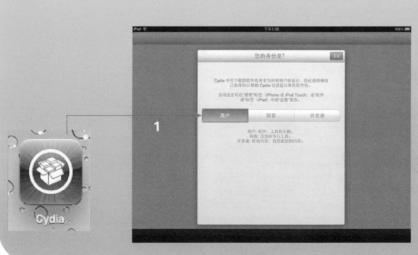

❶ 单击屏幕上的【Cydia】图标，在打开的页面中出现 3 个按钮，这里单击【用户】按钮，然后单击【完成】按钮。

❷ 进入 Cydia 主页后，单击底部的【软件源】按钮。

❸ 进入【软件源】页面后，单击右侧的【编辑】按钮，然后单击页面左侧的【添加】按钮。

❹ 在弹出的【输入 Cydia/APT 地址】对话框中输入 "http://cydia.hackulo.us"。单击【添加源】按钮。

⑤ 此时会弹出【软件源警告】对话框，单击【仍然添加】按钮。

提示

"源"就像是 New iPad 应用软件的仓库，添加后就可以从这里面下载软件和插件了。

⑥ 之后开始更新软件源，待软件更新完成后，单击【回到Cydia】按钮。

7 之后可以看到在【软件源】选项中多出了新添加的源，这里单击【Hackulo.us】选项。

8 单击"AppSync for iOS 5.0+"选项。

9 在弹出的对话框中单击【安装】按钮。在弹出的安装界面中单击【确认】按钮。

⑩ 待系统自动下载并安装 AppSync 完成后，单击【重启 SpringBoard】按钮即可。

方法 2　一键越狱的方法

常规的越狱方法需要找相匹配的越狱工具和方法，"PP 越狱助手"恰恰解决了这些麻烦，它可以自动根据设备调出相应的工具和越狱方法，让你轻松完成越狱。

软件下载地址：http://pro.25pp.com/。

PP 越狱助手的软件界面

提示

下载完毕后，将其进行解压并打开软件，然后连接设备，待软件识别后，单击软件主页面的【开始越狱】按钮，按软件操作提示进行越狱即可，越狱完成后，还需要对设备的系统打补丁，方法参见上小节内容。

秘技 26 备份 SHSH 的问题

SHSH 是什么？为什么要备份 SHSH ？怎么才能成功备份 SHSH……这些问题或多或少会困惑你，一味地按照别人的说法去做，却不知其因，下面就对这些问题进行回答。

现象 1 为什么要备份 SHSH

有时候，我们将设备升级到某个固件版本之后，由于某些需求（比如越狱等），需要再把版本降到原来的版本，但是令人尴尬的是，如果你之前没有备份原有版本的 SHSH，就会发现根本无法成功降级。

SHSH 是苹果官方服务器根据每台设备的识别码和当前版本的系统运算得来的一个签名文件，和设备是一一对应的。备份 SHSH 会保存在苹果公司的服务器上，而 Cydia 保存的 SHSH 也是从苹果公司提取的。

SHSH 主要用来通过恢复固件时的官方验证，好比是一把唯一的钥匙，只有正确的钥匙才能打开重刷固件的锁。如果苹果公司关闭了对旧版本固件的验证，此时我们又想恢复较早的版本固件，那么 SHSH 就派上了用场。我们需要绕开官方服务器的验证，向非官方服务器（如 Cydia 服务器）发送申请，这个服务器就会同意恢复你备份的较早版本。

现象 2 备份 SHSH 需具备的条件

从上面内容我们知道了备份 SHSH 的原因，那么备份 SHSH 需要什么条件，才能确保成功呢？

1. 最重要的——苹果官方服务器

不管运用什么方法备份 SHSH，关键取决于苹果官方服务器，如果关闭了之前的固件验证服务，那么就只能备份当前开放版本固件的 SHSH。能否备份 SHSH 与苹果公司服务器是否开通当前版本的认证有关。

苹果每出一个新的固件版本，不久就会关闭之前版本的认证，所以建议大家，对于 SHSH，能备份时一定要及时备份。

2. 最基本的——备份 SHSH 的工具

"巧妇难为无米之炊"，因此备份工具是少不了的。

常用的备份工具：iTools（较为方便）、TinyUmbrella（需在 Java 环境下运行，但功能强大，运用较多）

TinyUmbrella 下载地址：http://dl.pconline.com.cn/download/89927.html

Java 下载地址：http://www.java.com/zh_CN/

现象 3 如何备份 SHSH

备份 SHSH 的具体方法可以参照本书秘技 25 "New iPad 的完美越狱"。

现象 4 无法备份 SHSH

我们在备份 SHSH 的过程中，总会碰到一些问题，从而导致无法顺利完成备份，究竟是什么原因呢？

1.苹果服务器已关闭当前版本固件的验证。就如我们上面所说的，不管如何去备份 SHSH，关键取决于苹果服务器，若已关闭，可更新为最新固件，再进行备份。

如果你考虑到越狱问题，而当前开放版本恰恰没有完美越狱的工具，建议等到完美越狱工具发布，再对固件进行更新。

2. 备份工具问题。可能是备份工具版本问题，可选用最新版本的软件进行备份，如所用的 iTools、TinyUmbrella 等工具可到官方网址或论坛下载。

3. 防火墙问题。使用备份 SHSH 工具会修改 HOST 文件，防火墙会阻止修改，导致备份 SHSH 失败。因此，可暂时关闭防火墙。

秘技 27 越狱失败了，怎么办

在越狱的道路上，谁不曾为越狱成功而欣喜万分，谁又不曾为越狱失败而着急苦恼，这都是我们渐渐熟悉 New iPad 的过程。越狱失败了并不可怕，找出原因，重新再来。

现象 1 越狱失败，New iPad 一切正常

在越狱过程中，如果用户没有及时跟上操作，或者操作顺序发生了错误，此时，不用过于着急，只需再次熟悉一下越狱过程，重新进行越狱即可。

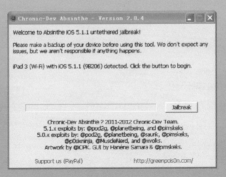

现象 2 Cydia 闪退现象

越狱的前半程路都极为顺利，但是当要为 New iPad 打补丁时，出现 Cydia 闪退现象，导致不能添加源，以致不能完美越狱。下面就给出解决的办法。

方法一：

在【设置】▶【通用】▶【多语言环境】▶【语言】中，将语言设置为【English】，接着进入 Cydia 中添加 "http://apt.178.com"，然后搜索 "iOS5Cydia"，找到 " ios5Cydia 中文崩溃解决补丁 "并将其安装，最后将语言改回中文即可解决 Cydia 闪退问题。

方法二：

我们可以使用工具对 Cydia 闪退现象进行一键修复，这个方法更为简单，也较为实用。
下面就用 PP 越狱助手对 Cydia 闪退问题进行修复。

现象 3 New iPad 无法开机或出现白苹果现象

　　如果在越狱过程中，遇到 New iPad 无法开机或出现白苹果现象，这也是越狱失败最为糟糕的事情。当然，并不是不可解决的，动起手来，没有解决不了的困难。

❶ 长 按【Home+Power】 键，New iPad 画面全变黑后，松开所有键。

❷ 按住【Home+Power】键，出现白苹果的图案后，松开【Power】键，继续按住【Home】键。

❸ New iPad 出 现 USB 先 连 接 iTunes 的画面，松开【Home】键即可进入恢复模式。

❹ 使用数据线将 New iPad 与电脑连接，在电脑中启动 iTunes，单击识别出的 New iPad，然后单击【摘要】按钮，最后单击【版本】选项下的【恢复】按钮。

❺ 在弹出的提示框中单击【恢复】按钮，即可将 New iPad 恢复为出厂值。

秘技 28 越狱后安装的程序无法在设备上删除

越狱后安装的一些程序想删除掉，但是在设备上长按程序图标，其他程序左上侧都显示可卸载的状态，但是该程序却无法卸载。其实我们可以使用其他软件删掉该程序。

这里我们使用 iTools 进行删除。

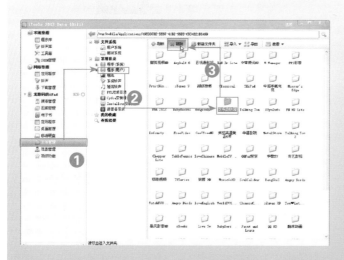

❶ 打 开 iTools，连 接 New iPad 后，单击设备名称列表下的【文件管理】选项。

❷ 单击【程序（用户）】选项。

❸ 在右侧程序列表中，单击要删除的程序文件，并单击【删除】按钮即可。

提示

建议应用程序都选用 .ipa 格式的，其他格式可能会给 New iPad 带来各种故障。

秘技 29 管理 New iPad 中的所有文件

由于 New iPad 自身不带文件管理器，所以文件的管理是件麻烦事，而使用 "iFile" 或 "iFiles" 软件，可以轻松地管理 New iPad 中的文件，甚至可以修改系统文件。这里以 "iFiles" 软件为例介绍管理文件的具体方法。

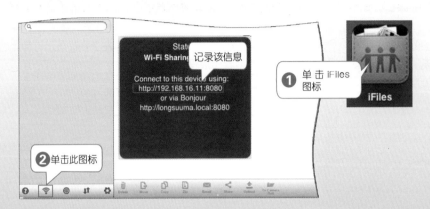

① 运行 iFiles。

② 单击 Wi-Fi 图标，出现网络服务器对话框，你需要记住该对话框中的 IP 地址。

③ 在电脑的浏览器地址栏中输入记录的 IP 地址，并按【Enter】键进入 New iPad 文件管理界面，这里单击【Pictures】文件夹链接。

④ 进入 Pictures 文件目录，单击【upload】按钮。

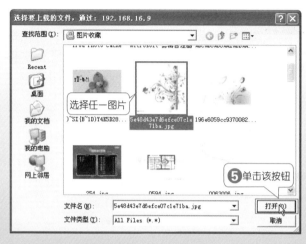

5 在弹出的对话框中选择要上传的图片，单击【打开】按钮即可上传。

6 在 New iPad 中单击 iFiles 图标进入主界面，并单击【Home】选项，可以看到【Picture】的目录中添加了一个文件。

7 单击 Pictures 文件目录。

8 单击右上角的【Edit】按钮可以将 Pictures 目录中的所有文件激活，选择图片即可使其处于编辑状态。

提示

　　图片处于可编辑状态时，可以对图片进行删除、移动、复制和压缩等操作。

秘技 30 重装系统到未越狱状态

越狱之后，风险也会随之而来，例如，一些盗号软件趁虚而入，盗取用户的 QQ 账号、信用卡账号等。为了防止恶意软件被下载，不建议用户进行越狱，如果用户越狱后后悔了，可以重新回到越狱前的状态。

提示

重回未越狱状态也就意味着重新对 New iPad 的固件进行更新或者恢复出厂设置，New iPad 中的资料会全部丢失，因此在此操作之前，可以先对 New iPad 中的资料备份一下。

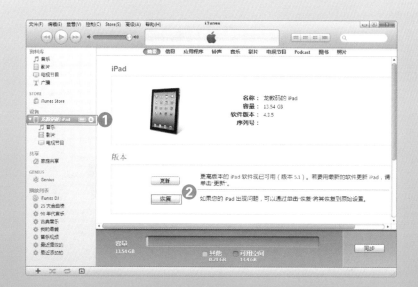

❶ 使用数据线将 New iPad 与电脑连接。在电脑中运行 iTunes 软件，单击左侧导航栏【设备】下的 New iPad 图标。

❷ 在【摘要】选项卡下，按住【Shift】键的同时，单击【恢复】按钮。

❸ 在打开的【iTunes】对话框中选择下载的版本固件，并单击【打开】按钮。

❹ 在弹出的提示对话框中单击【恢复】按钮。

提示

恢复之后所有数据和设置都会被删除掉。

秘技 31 如何将 New iPad 系统降级

一不小心将 New iPad 升级到最新版本，却无奈没有最完美越狱，怎么办呢？这时备份的 SHSH 就派上了用场，重装系统为系统降级，那么完美越狱自然就不是问题。

01 降级前准备

降级前准备一下要用的软件工具，免得降级时弄得手忙脚乱。在降级之前一定要记得备份 New iPad。

软件名称	下载网址	软件作用
iTunes	http://www.apple.com.cn/itunes/download/	备份和恢复 New iPad，恢复固件
iTools	http://itools.hk/tscms/	降级所需工具
iOS 4.3.5 固件 （根据已备份的 SHSH 文件下载相关固件）	http://www.app111.com/ios.html	准备降级的系统版本

02 开启 TSS 服务和进入 DFU 模式

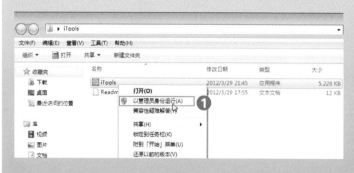

❶ 将下载的 iTools 解压出来，然后右击 iTools 图标，在弹出的快捷菜单中单击【以管理员身份运行】选项。

❷ 使用数据线连接 New iPad 与电脑，待 iTools 识别后，单击左侧列表中的【SHSH 管理】选项。

❸ 单击【开启 TSS 服务】选项。

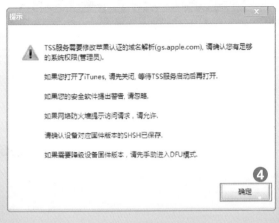

④ 在弹出的提示对话框中，单击【确定】按钮。

提示

一般要提前备份 SHSH 文件，根据已备份的 SHSH 信息列表，选择要降级的固件版本。

⑤ 开启 TSS 服务成功后，单击【进入 DFU】模式。

提示

DFU 模式主要用于苹果设备固件的强制升降级操作。

提示

按【开/关机】键和【Home】键，直至出现苹果标志后，松开所有按键，此时即可退出 DFU 模式，进入设备主界面。

New iPad 进入 DFU 模式屏幕表现为黑屏

03 开始降级

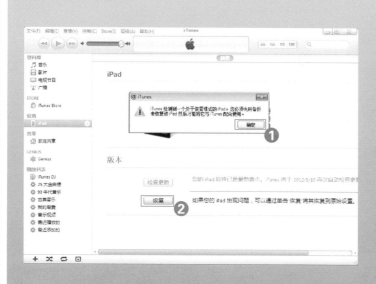

❶ 打开 iTunes，在弹出的对话框中单击【确定】按钮。

❷ 按住键盘上的【Shift】键，然后单击【恢复】按钮。

❸ 在弹出的对话框中选择要恢复的固件，然后单击【打开】按钮。

提示

在降级过程中不可关闭 iTools。

❹ 此时，iTunes 会提取固件，然后进入降级过程中。

提示

降级完成后，可对 New iPad
进行设置，然后恢复备份即可。

秘技 32 重装系统失败

能够成功地重装系统（俗称刷机）当然最好，但是有时却不尽如人意，在重装系统失败时，我们需要仔细分析失败的原因，这样才能找到成功刷机的最好方法。

现象 1 升级或平刷时出现的"1013"错误

在 iTunes 提示"正在与 Apple 验证恢复"时，如果出现"1013"错误，表示没有成功获取服务器验证。

在升级或平刷之前，如果已经绕开了苹果的验证，导致"hosts"文件已经被修改到指向 Cydia 服务器，那么在升级到最新版系统时，会连接 Cydia 服务器获得验证。然而 Cydia 服务器中并没有最新版本的 SHSH 备份，所以此时就会因为不能获得验证而出现错误。

解决的办法是重新修改"hosts"文件，解除伪装，重新连接苹果官方服务器。

❶ 打 开 "C:\WINDOWS\system32\drivers\etc" 文件夹，用记事本打开 "hosts" 文件。

❷ 将 "74.208.10.249 gs.apple.com" 内容删除，然后保存文档并关闭记事本，重启 iTunes 后即可正常刷机。

现象 2 降级出现的 "1015" 错误

在固件降级时，容易出现 "1015" 错误，此时不要担心，因为固件其实已经成功地刷到设备中了，之所以提示错误，是因为固件版本和基带版本不相符。

> **提示**
>
> 所谓基带，就是设备的调制解调器，每个固件版本都有与之对应的基带版本。和固件不同，基带版本只能升级不能降级，所以当我们降级固件时，基带还是原来的版本，这时就会出现固件和基带的版本不相符的情况，从而出现 "1015" 错误。

出现这种错误时，设备会显示恢复模式下的界面，此时不要断开设备和电脑间的连接，用小雨伞软件将设备退出恢复模式即可。

❶ 关掉 iTunes，然后重启设备，此时设备仍然显示恢复模式的界面。

② 在电脑中打开小雨伞软件，在左边的【Recovery Devices】（恢复设备）列表下会显示正处于恢复模式的设备（此时可能会不正常显示设备名称），单击该设备名称。

③ 单击【Exit Recovery】（退出恢复）按钮，此时设备就会自动重启，并在屏幕上显示进度，稍等片刻会正常开机，即表示已经成功地完成刷机。

现象 3 解决网络连接类错误（错误代码为 3000~3999）

刷机失败时显示的错误代码在 3000~3999 的都属于网络连接类的错误，如果遇到这种错误，需要先进行以下的检测操作。

① 在 iTunes 界面中选择【帮助】▶【运行诊断程序】命令。

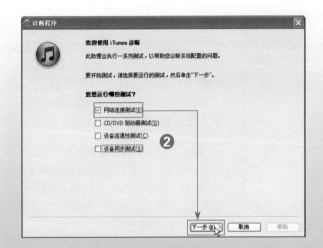

❷ 在弹出的【诊断】界面中复选【网络连接测试】选项，然后单击【下一步】按钮，在弹出的【网络连接测试】界面中继续单击【下一步】按钮。

❸ 此时即可开始测试网络连接，稍等片刻后会显示诊断结果，根据结果检查网络连接，单击【取消】按钮后重新执行步骤❶~❷的操作，直到显示正确的诊断结果，然后单击【下一步】按钮。

❹ 单击【关闭】按钮关闭【诊断程序】对话框，重新启动 iTunes 后再刷机。

> **提示**
>
> 如果诊断结果中有红色的显示（安全连接除外），说明需要重新检查网络直到网络畅通。

现象 4 通过验证后提示"无法连接服务器"错误

在刷机过程中，iTunes 界面顶部已经显示通过了苹果的验证，之后却弹出错误，并提示"无法连接服务器"内容，此时可采用如下的解决方法。

01 清空 hosts 文件

清空所有内容

打开"C:\WINDOWS\system32\drivers\etc"文件夹，找到并双击"hosts"文件以记事本方式打开，删除其中的所有内容，保存并关闭。

02 修改 Internet 选项

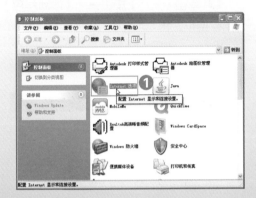

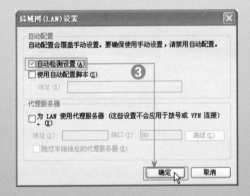

❶ 打开【控制面板】，在其中双击【Internet 选项】。

❷ 在弹出的对话框中选择【连接】选项卡，单击【局域网设置】按钮。

❸ 弹出【局域网（LAN）设置】对话框，复选【自动检测设置】选项，然后单击【确定】按钮，重新启动计算机。

提示

重启计算机后再重新执行刷机的操作。

秘技 33 完全备份 New iPad 所有资料

不管是恢复出厂设置，还是越狱或重装系统，都要对苹果手持设备进行备份，才能保证数据不丢失。

01 备份音乐、视频

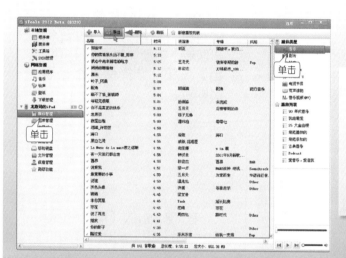

将 New iPad 和电脑连接，打开 iTools，单击左侧列表中的【媒体管理】选项，按【Ctrl+A】组合键全选右侧所有的音乐文件，然后单击【导出】按钮，选择保存路径导出即可。

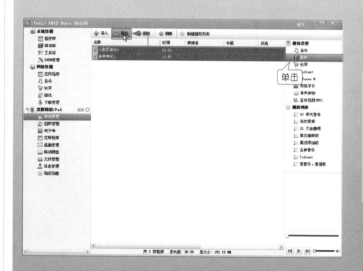

音乐导出完毕后，单击右侧列表中的【影片】选项，按【Ctrl+A】组合键全选所有视频文件，然后单击【导出】按钮，选择保存路径导出即可。

02 备份相册照片和照片流照片

选择相册

单击

单击 iTools 左侧列表中的【图库管理】选项，选择【相机胶卷】相册，然后单击【导出】按钮，选择保存路径导出即可。

选择照片

单击

在电脑的【My Photo Stream】中，将照片流中的所有照片复制出来，具体步骤可参见本书"照片流使用中的常见问题"。

03 备份图书

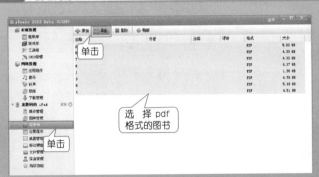

单击

选择 pdf 格式的图书

单击

可以通过传输购买项目、复制应用程序中的文件和第三方软件分别对不同类型的图书进行备份，将备份后的图书添加到 iTunes 资料库中。

使用 iTools 将 pdf 格式的电子书导出到电脑中。

04 备份

在 iTunes 中右击识别出的 New iPad 名称，在弹出的快捷菜单中选择【备份】选项，即可备份。

> **提示**
>
> 此时的备份非常重要，要记得备份的时间，选择要恢复的备份时一定要选择此时的备份，因为这决定了恢复后是否自动同步资料。

秘技 34　一台电脑同步 New iPad 资料丢失问题

在使用同一台电脑同步设备时，容易丢失的东西有：音乐、影片、电视节目、Podcast、iTunes U、图书、应用程序、铃声、广播、联系人、常用联系人、备忘录、通话记录、短信、彩信、各种设置、各种密码和应用程序数据等，例如，摸手音乐中的歌曲、除 iBooks 图书阅览器以外的阅览器中的电子书。

其中最重要又最容易弄丢的有音乐、影片、图书、图片（包含【相机胶卷】和图库图片）和应用程序。这里仅讨论这 5 种类型媒体的丢失问题，其他的问题请参照相关内容进行解决。

01 丢音乐（视频与音乐相同）

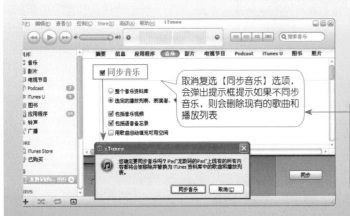

取消复选【同步音乐】选项，会弹出提示框提示如果不同步音乐，则会删除现有的歌曲和播放列表

(1) 在资料库中删除了某些音乐文件，同步音乐（自动同步或者单击了【同步】按钮）后，设备中的这些音乐文件也会被随之删除。

(2) 在【音乐】选项卡下取消复选【同步音乐】选项，同步其他类型的数字产品（图书和应用程序等）后会全部删除设备中的音乐。

取消复选【手动管理音乐和视频】选项，会弹出提示框，提示会把设备上的所有音乐删除并替换为资料库中的音乐

(3) 取消复选【手动管理音乐和视频】选项，则 iTunes 会把设备上的所有音乐删除并替换为资料库中的音乐。

(4) 修改了【音乐】选项卡中的选项，在非【音乐】选项卡下单击了【同步】或者【应用】按钮，之后会按照在【音乐】选项卡下做的修改来同步设备。

(5) 在设备上购买了音乐，又没有"传输购买项目"，并对音乐进行了同步。

(6) 在设备中删除了音／视频播放器，其中的音／视频也会被删除。

02 丢应用程序

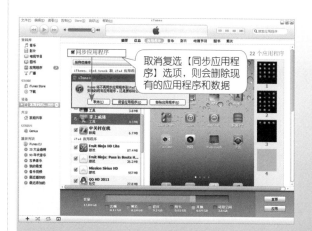

取消复选【同步应用程序】选项，则会删除现有的应用程序和数据

(1) 在资料库中删除了某些程序，并选择了自动同步或者按【同步】按钮，同步后在设备中的这些应用程序也会被删除。

(2) 在【应用程序】选项卡下取消复选【同步应用程序】，同步其他类型的数字产品（图书和音乐等）后会全部删除应用程序。

(3) 修改了【应用程序】选项卡中的选项，在非【应用程序】选项卡下单击了【同步】或者【应用】按钮，之后会按照在【应用程序】选项卡下做的修改来同步设备。

(4) 在设备上购买了应用程序，又没有"传输购买项目"，并对应用程序进行了同步。

03 丢图书

(1) 在资料库中删除了某些图书，并选择了自动同步或者按【同步】按钮，同步后在设备中的这些图书也会被删除。

(2) 在【图书】选项卡下取消复选【同步图书】选项，同步其他类型的数字产品（音乐和应用程序等）后会全部删除设备中的图书。

(3) 修改了【图书】选项卡中的选项，在非【图书】选项卡下单击了【同步】或者【应用】按钮，之后会按照在【图书】选项卡下做的修改来同步设备。

(4) 在设备上购买了图书，又没有"传输购买项目"，并对图书进行了同步。

> **提示**
>
> 从 E-mail 中存储下来的 PDF 文档，放入 iBooks 中后，在执行"传输购买项目"命令时，会被传输到电脑中。

04 丢照片

> **提示**
>
> 照片图库中的图片不可逆向传输（指从设备到电脑），正向传输时必须覆盖原有的图片。

(1) 没有备份【相机胶卷】/存储的照片，之后选择了"从备份中恢复"，那么这些照片就会丢失。

(2) 在【照片】选项卡下取消复选【同步照片，来自】选项，并且在接下来的对话框中单击【删除照片】按钮，会丢失所有照片图库中的照片，但不会丢失【相机胶卷】/存储的照片。

秘技 35　多台电脑同步一个 New iPad 资料丢失问题

New iPad 经常会"游走"于多个电脑间，由于 iTunes 只能同步一个资料库中的数字产品，多台电脑同步一个设备时，很容易造成数字产品丢失。所以，在更换电脑同步设备时需要谨慎小心，避免设备中的数字产品丢失。

01　【手动管理音乐和视频】并不安全

　　为了避免数字产品丢失，有些人以为只要在同步前复选【手动管理音乐和视频】选项，就可避免丢失。

　　其实，在复选的同时会删除所有的音/视频、图书、铃声等，不管库中如何，连购买项目也不能幸免，但不删除应用程序和图片。

02　应用程序不用愁

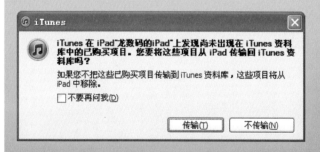

　　应用程序不会丢，当你同步应用程序时，会询问是否传输购买项目，除非你选择不传输才会丢。

提示

　　同步应用程序、照片、通讯录、日历、书签及备忘录，不会造成其他数字产品丢失。

03 丢失与版权有关

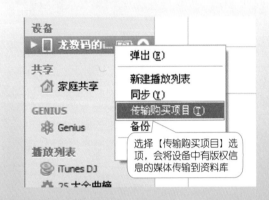

有版权信息的媒体，在选择"传输购买项目"时会被传输（当然需要授权），无版权信息的，则会被删除。当然，如果你的资料库中有，还可以再次同步到设备中。

04 只要同步就被替换

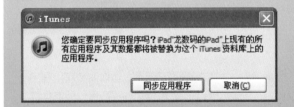

做任何同步工作，都会把该类数字产品清空。例如，同步应用程序，首先复选【同步应用程序】项，之后将被告知你的应用程序会被全部删除，然后替换成资料库中的应用程序。

第 5 篇

iTunes 问题

iTunes 是一款强大的数字媒体播放应用程序，是 New
iPad 亲密的伙伴。几多欢喜几多愁，而它却也让大多数 "果
粉" 所头疼。看完下面的内容，让你轻松排除 iTunes 问题。

解决 iTunes 问题，轻松实现同步

秘技 36 Apple ID 问题

有了 Apple ID，我们可以在 Store 中购买应用程序，可以使用 iCloud 功能，还可以使用家庭分享等，它是你体验苹果服务、获取资源的通行证。如果 ID 出现问题，那么很多功能就无法进行。下面就列举一些 Apple ID 常见的问题，以便你在使用中能很好地解决这些难题。

现象 1 在哪里会用到 Apple ID

在使用 New iPad 时，Apple ID 可以给我们带来哪些服务呢，相信它也是不少"果粉"心中的疑团，下面就给你娓娓道来。

(1) iTunes（包含 App Store 和 iBook Store）。可以使用 ID 购买应用程序、音乐、图书、电视节目等数字产品，并使用 Apple ID 授权电脑，同步到设备中；

(2) iTunes 家庭共享。开启 iTunes 家庭共享功能，多台电脑在同一局域网内实现资料媒体库的共享；

(3) iCloud 功能。iCloud 储存与备份，查找我的 New iPad，照片流，文稿与数据等；

(4) FaceTime。可通过 Apple ID 免费视频通话；

(5) iMessage（信息）。苹果设备上的即时通信程序，用户通过 ID，在 WLAN 或 3G 网络环境下即可通信；

(6) Game Center。用 Apple ID 登录后，可以使用 Game Center 与世界各地的朋友在线玩游戏；

(7) 其他。如 Apple 在线商店和在线支持、iWork、Mac App Store、iChat 等。

现象 2 忘记了 Apple ID 的密码

长时间不使用 New iPad，突然有一天发现自己忘记了 Apple ID 的密码，怎么办呢？别着急，重设一下密码即可解决。

① 在电脑中打开网页浏览器，在地址栏中输入网址"https://appleid.apple.com/"打开网页。

② 在我的 ID 网页中，单击【重新设置密码】选项。

③ 在文本框中输入 Apple ID 账号，然后单击【下一步】按钮。

④ 单击【下一步】按钮，此时即会将重置密码信息发送到填写的邮箱内。

⑤ 登录邮箱打开该邮件，单击邮件中的【重设你的 Apple ID 密码】选项，然后在弹出的重设密码网页中输入新密码，并单击【重新设置密码】按钮即可。

提示

在设置密码时，尽量设置自己容易记住且复杂的密码，这样更加安全。

Apple ID 账号一般是你的邮箱地址，如果忘记，可尝试输入自己最常用的邮箱即可。

现象 3 多人共用一个 Apple ID 问题

许多人认为，一家人共用一个 Apple ID 这样可以很方便，购买一个应用程序所有相关设备都可使用，方便又省钱。而随着 iOS 的不断升级，Apple ID 关联且绑定的服务也越来越多，更不乏涉及私人信息的功能。那么如何避免这些问题的出现呢？

上面说到了 Apple ID 会在哪些服务中用到。简单地说，会在 6 种服务中用到，包括 iTunes（包括 iTunes Store 和 iBook Store)、iTunes 家庭共享、iCloud、FaceTime、iMessage（信息）、Game Center。下面就来说说如何恰当的应用，以避免那些问题。

服务类别	ID 的使用	优点	缺点
App Store	使用一个账号	无须在 iTunes/App Store 中多次购买同一个数字产品	下载程序和图书时，必须将自动下载关闭，否则就会自动下载一些自己不需要的程序和图书
家庭共享	使用一个账号	使用该功能，方便多台电脑共享一个媒体资料库，用起来比较方便，多个账号使用起来较为麻烦	无
iCloud	一人一个 Apple ID	可有效避免私人日历事件、邮件、联系人、提醒事项等发生混乱	无法使用照片流和其他 Apple ID 分享照片
FaceTime	一人一个 Apple ID	设置为不同的 Apple ID，方便了一家人或朋友之间的视频通话，否则无法实现	无
iMessage	一人一个 Apple ID	方便了家人和朋友间的通信，一人一个 Apple ID 更加方便	无
Game Center	建议一人一个 Apple ID，也可使用一个	每人一个 Apple ID，可以玩同一个游戏时，在分数上比高低。当然也可以使用一个，意义不大	无

秘技 37 iTunes 无法正常运行

iTunes 不能正常运行了，相信大多数人都遇见过，每个人处理的方法却大相径庭。动不动就重启电脑，卸载了重装，一旦解决不了，就没辙了，那就重装电脑系统吧。虽然有时这种笨拙的方法可以解决部分问题，但是却称不上最佳的解决方式。下面就逐个解决那些 iTunes 无法正常运行的问题。

现象 1 New iPad 在 Windows 7 系统下不能被识别

在 Windows 7 系统下安装了 iTunes，连上 New iPad，电脑可以识别，但 iTunes 无反应。

解决办法如下。

(1) 打开【控制面板】▶【程序】▶【打开或关闭 Windows 功能】，在打开的对话框中分别复选【Microsoft.NET Framework 3.5.1】项及该选项下所属的两个复选项。再向下滑动滚动条，在下方复选【基于 UNIX 的应用程序子系统】项，完成后单击【确定】按钮。

(2) 重新安装 iTunes，再次连接设备（如 New iPad），查看是否能连接成功。

(3) 完全卸载 iTunes。

(4) 重装 Windows 7（这是必须的，因为不管怎样卸载，有些东西还是删除不干净）。

提示

完全卸载 iTunes，除了卸载 iTunes 主程序，还需要卸载其他相关组件，可在控制面板中进行卸载。具体步骤是：iTunes ➤ Apple Software Update ➤ Apple Mobile Device Support ➤ Bonjour ➤ Apple Application Support，卸载完毕重启电脑即可。卸载顺序不同，或仅卸载部分组件，可能会看到各种警告信息。

现象 2　无法打开 iTunes

在打开 iTunes 时可能会遇到无法打开的情况，下面就不同情况，给出了不同的解决方法。

1. 打开 iTunes 无反应

在电脑中打开 iTunes，却半天没有任何反应，那么就可以采用以下方法进行解决。

❶ 按【Ctrl+Alt+Del】组合键调出【Windows 任务管理器】对话框。

❷ 单击【进程】选项卡，在"映像名称"列表下找到并选中【iTunes.exe】，然后单击【结束进程】按钮。

❸ 建议结束闲置或占较大内存的应用程序进程，给电脑留下足够大的内存空间，打开 iTunes 即可。

2. 提示缺失组件

在打开 iTunes 时，弹出提示对话框："iTunes cannot run because some of its required files are missing"，这是因为系统组件缺失，或是误删了附带的组件。

快速解决方法就是再次运行 iTunes 的安装文件，然后在弹出的对话框中单击【修复】按钮进行修复安装。

现象 3　iTunes 无法运行，重新下载安装也不行

原因：运行 iTunes 时，出现如下图所示的对话框，删除 iTunes，并重新下载、安装，也无法打开。

解决办法

　　若运行 iTunes 程序提示错误时，可以将电脑中的 iTunes 和附带的 QuickTime 这两个程序删除干净，然后到苹果官方网站下载最新版本的 iTunes 程序。下载完成之后，即可进行安装（在安装的过程中，如果杀毒软件弹出提示窗口，全部选择"允许"即可）。安装结束后，会自动启动 iTunes 程序，这时再次连接 New iPad 到 USB 端口，就能在 iTunes 程序中显示你的设备了。

现象 4　在 Windows 7 系统中运行 iTunes 提示"关闭兼容模式"

　　在 Windows 7 中安装了 iTunes，并打开兼容模式，电脑提示关闭兼容模式会更流畅。关闭兼容模式之后，系统依然提醒关闭兼容模式。

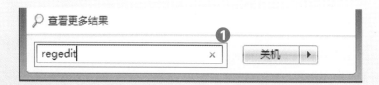

解决办法

❶ 单击【开始】按钮，在【运行】对话框中输入"regedit"，然后按【Enter】键确认，打开注册表编辑器。

❷ 在打开的【注册表编辑器】窗口中找到：HKEY_CURRENT_USER\Software\Microsoft\Windows NT\CurrentVersion\AppCompatFlags\Layers，如果在右边发现带有 iTunes 的项，将其删除即可。

现象 5 运行 iTunes 提示"应用程序错误"

在运行 iTunes 时,弹出如下图所示的提示框,提示"应用程序发生异常 未知的软件异常(0xc0000409),位置为 0x01b03335。"。

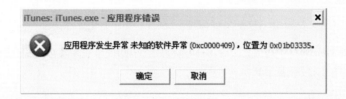

解决办法:
(1) 使用 360 软件管家将 iTunes 安装程序卸载干净(包括注册表)。
(2) 重新安装最新版本的 iTunes 程序。

现象 6 iTunes 无法运行,其检测到 QuickTime 出现问题

打开 iTunes 7.7 或更高版本时,弹出如下图所示的错误消息,其原因是检测到 QuickTime 出现问题。

解决办法：

可能需要重新安装 QuickTime 程序。

(1) 选择【开始】➤【控制面板】选项，通过【控制面板】窗口并按照提示将【QuickTime】应用程序从电脑上删除干净。

(2) 下载 QuickTime 应用程序（选择不包含 iTunes 的选项），并按照说明进行安装。

(3) 安装完成之后即可重新打开 iTunes 程序。

现象 7　New iPad 无法连接 iTunes

使用数据线将 New iPad 连接到电脑上，iTunes 却无法识别，对于这种情况，可以采用以下方法解决。

1. 检查原因

(1) 查看 iTunes 版本。查看 iTunes 版本是否过低，并及时更新为当前最新版本。

(2) 检查 USB 接口是否正常。可将 New iPad 连接到电脑上的另一个 USB 端口，尽量使用机箱后的 USB 端口，机箱前端的端口可能会有供电不足的情况，导致无法正常连接。

(3) 检查安全软件的设置。一些安全杀毒软件可能禁止了 iTunes 进行网络连接，导致了 New iPad 不能连接到 iTunes。

若因以上原因导致 iTunes 无法识别 New iPad，可依照以上方法进行解决，如不能解决，可尝试使用以下方法。

按【Ctrl+Alt+Del】组合键调出 Windows 任务管理器，结束 iTunes 进程及相关进程，并断开 New iPad 与电脑的连接。然后再打开 iTunes，并将 New iPad 与电脑连接，看是否可解决。

2.iTunes 问题

(1) 完全卸载 iTunes。

(2) 删除系统盘符（默认为 C 盘）下的 Documents and Settings\Administrator\Application Data\Apple Computer 这个文件夹。

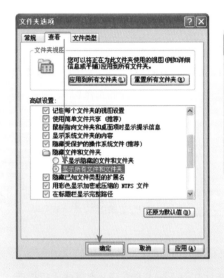

　　(3) 删除 D:\ 我的文档 \My Music\iTunes 文件夹，若没有 iTunes 文件夹，可在 C：\Documents and Settings\Administrator\My Documents\My Music 中找到 iTunes 文件夹将其删除。

找到该文件夹将其删除

(4) 删除之后，重新安装 iTunes 程序。

(5) 打开 iTunes，并使用数据线将 New iPad 连接到电脑上，iTunes 可识别 New iPad，即可解决问题。

　　一般情况下问题均可解决，若依然无法连接 iTunes，可换台电脑尝试或重新安装电脑系统，以求解决问题。至此，若无法解决，可到 Apple 售后维修中心寻求帮助。

现象 8　iTunes 无法同步应用程序

　　在 New iPad 上使用的 Apple ID 账号必须已经授权了同步时使用的电脑，否则无法同步应用程序，因此要对同步时使用的电脑授权。

　　如果电脑无法授权，请移步"秘技 39　iTunes 账号不能对电脑授权"。

秘技 38　访问 iTunes Store 错误

　　iTunes Store 就像一个大超市，在这里可以自由选择需要购买的应用程序、音乐、视频等数字产品，但一旦无法连接到 iTunes Store，那后果可想而知，你的 New iPad 只有"裸奔"了，或者在 New iPad 中焦急地等待那慢如龟速的下载。出现问题了就要解决它。

现象 1 打开错误，提示"One Moment Please"

iTunes Store 偶尔也会因为操作或者其他原因造成打开错误，具体表现为，单击 iTunes 左边的"iTunes Store"时，会提示"One Moment Please"，如下图所示。

问题原因：

出现这种情况是因为 iTunes 的参数配置文档中 storefront 字段的参数发生错误。

问题解决：

删除 iTunes 配置文件，并重新设定 iTunes 即可解决这个问题。首先退出 iTunes 程序，然后按照以下步骤删除 iTunes 配置文件。

提示：一定要先退出 iTunes，再执行以下操作。

❶ 单击【开始】菜单➤【运行】，在【运行】对话框中输入（Windows 7 为

【开始】➤【所有程序】➤【附件】➤【运行】）"%userprofile%\Application Data\Apple Computer\iTunes"，然后单击【确定】按钮。

② 打开【资源管理器】对话框，定位到 iTunes 配置文件所在的目录，删除"iTunesPrefs.xml"文件。

③ 进 入 %userprofile%\Application Data\Apple Computer\iTunes 目 录，删 除"iTunesPrefs.xml"文 件。两 个 "iTunesPrefs.xml"文件都删除后，重新打开 iTunes，按照提示重新设置 iTunes 即可。

现象 2　无法访问 iTunes Store

有很多原因可能造成无法访问 iTunes Store 的现象，下面就看看如何排除这些故障。

1. 突然无法访问 iTunes Store

建议调出任务管理器结束 iTunes 进程和相关程序进程，重新开启 iTunes，如果问题存在，可能是由于 iTunes Store 正在维护，可以稍后再试。若不是此类原因，可采用以下方法解决。

2. 在电脑中排除故障

(1) 确保该电脑可以正常连接互联网，可通过打开 Internet Explorer 进行测试；

(2) 确保电脑满足 iTunes 的最低系统要求（如今大部分电脑基本满足，但不排除个别的）。

(3) 确保电脑操作系统是最新的。可前往 Microsoft 的 Windows Update 网页进行查看。

3. 长时间无法访问 iTunes Store

如果无法访问 iTunes Store 已经超过一天，并且在 iTunes 讨论区上没有其他用户反映过类似情况，可能是由于软件或互联网服务提供商 ISP 配置问题导致。

此时，我们需要对 Windows 的防火墙进行设置，允许电脑访问 iTunes Store。具体步骤如下：

❶ 单击【开始】➤【控制面板】，在控制面板中，单击【Windows 防火墙】图标选项。

❷ 在【Windows 防火墙】对话框中，单击【例外】选项卡，在"程序和服务"列表下复选【iTunes】选项。

❸ 单击【确定】按钮即可。

❹ 打开【运行】对话框，在文本框中 输 入 "C:\WINDOWS\system32\drivers\etc"，然后单击【确定】按钮。

❺ 将 etc 文件夹下的 "hosts" 文件复制到其他文件夹下保存，然后单击右键选择 "用记事本打开"命令。

❻ 删除记事本中的所有内容并保存记事本，最后重启电脑，再次打开 iTunes Store 看是否能解决。

4. 重建网络信息

此时，可通过重建网络信息 DNS 解决无法连接 iTunes Store 的问题。

Windows XP 系统

① 打开【运行】对话框，在文本框中输入 "cmd"，然后单击【确定】按钮。

② 在窗口中输入" ipconfig/flushdns" 并按下【Enter】键。

③ 此时即可看到窗口显示 "Successfully flushed the DNS Resolver Cache（已成功刷新 DNS 解决程序缓存 "。

Windows Vista 和 Windows 7 系统

① 在【开始】菜单上选择【所有程序】▶【附件】▶【命令提示符】，单击鼠标右键，在快捷菜单中选择 "以管理员身份运行"。

② 在窗口中输入" ipconfig/flushdns" 并按下【Enter】键即可。

如果仍然无法连接 iTunes Store，可能由于安全杀毒软件禁止 iTunes 连接网络，重设杀毒软件即可。

秘技 39 iTunes 账号不能对电脑授权

在一台电脑上输入 iTunes 账号后，却不能对该电脑授权。

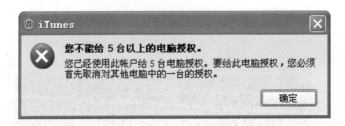

问题原因：

出现这种情况是因为一个 iTunes 账号只能对 5 台电脑授权，当使用该账号对第 6 台电脑授权的时候，便会弹出【iTunes】对话框。

解决办法：方法一

找到其他已授权的电脑，打开 iTunes，选择【Store】▶【取消对这台电脑的授权】菜单命令，在弹出的对话框中输入要取消授权的账号及密码，单击【取消授权】按钮。取消授权后即可为该账号腾出一个授权名额，接下来就能在自己的电脑中授权了。

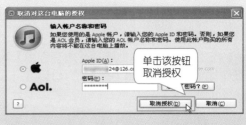

方法二

当无法操作原来授权的电脑时，就只能使用【全部解除授权】功能，全部解除授权后即可重新获得 5 个新的授权名额。但是每个账号在一年内只能使用一次【全部解除授权】功能，所以不到万不得已不要使用。

① 选择【Store】➤【显示我的账户】菜单命令，弹出【iTunes】对话框，输入 Apple ID 和密码。

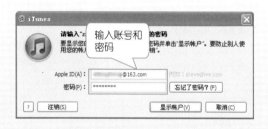

② 单击【显示账户】按钮，进入【账户信息】界面，单击【全部解除授权】按钮，取消该账号对所有电脑的授权。

秘技 40 解决 iTunes 导致 C 盘空间不足

自从使用了 iTunes 之后，C 盘储存空间变得越来越小，以至于电脑运行缓慢，让你抓耳挠腮，不知所措。没关系，下面让你三步解决 iTunes 导致 C 盘储存空间不足的问题。

1. 删除多余备份

iTunes 备份的默认位置是 C 盘，备份文件越多，那么就会导致 C 盘越来越小。此时，删除多余备份文件，是一种最简单的方法。

❶ 在电脑中打开 iTunes。

❷ 在 iTunes 中选择【编辑】▶【偏好设置】命令，在打开的【"设备"偏好设置】对话框中，单击【设备】选项卡。

❸ 选择不需要的备份文件，单击【删除备份】按钮即可删除备份。

2. 从系统盘"搬走"资料库

随着 iTunes 资料库的逐渐增"胖"，C 盘空间越来越小。C 盘是动不得的，那就把资料库搬家吧。

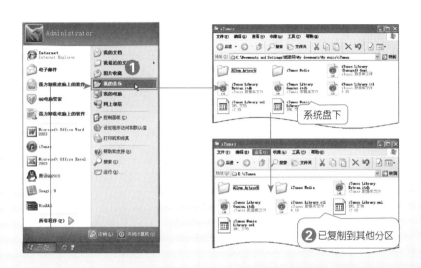

系统盘下

2 已复制到其他分区

选取 iTunes 资料库
iTunes 需要资料库才能继续操作。您可以选取一个现有的 iTunes 资料库或创建一个新的资料库。

退出　　选取资料库...　　创建资料库...

❶ 选择【开始】➤【我的音乐】命令，在打开的窗口中双击【iTunes】图标，打开【iTunes】文件夹，即可看到 iTunes 资料库的内容。

❷ 将【iTunes】文件夹复制到其他分区的某个位置中。

❸ 在桌面上按住【Shift】键并双击 iTunes 图标，直至弹出【iTunes】对话框后松开【Shift】键。

❹ 单击【选取资料库】按钮。

❺ 在弹出的【打开 iTunes 资料库】对话框中选择刚刚转移位置的【iTunes】文件夹，然后选择该文件夹下的 "iTunes Libray.itl" 文件打开即可。

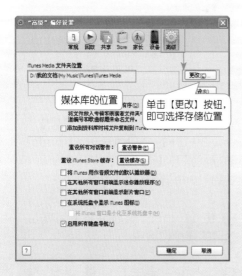

媒体库的位置

单击【更改】按钮，即可选择存储位置

提示

在资料库中，媒体库（iTunes Media 文件）占空间最大，如果觉得"搬家"太麻烦，可以在【"高级"偏好设置】对话框中，更改媒体库文件的位置，为 C 盘减压。

另外，对于资料库默认位置为 D 盘的用户，就不需要执行该操作，当然也可以从 D 盘转移到其他盘符中。

3. 改变 iTunes 备份的存储位置

iTunes 备份设备的位置是在 C 盘，随着备份文件越来越大，你是不是希望更改它的存储位置，好让电脑流畅运行，下面就用 Junction 这个小工具实现这个想法。

Junction 下载地址：http://download.sysinternals.com/Files/Junction.zip

01 更改备份位置的前期准备

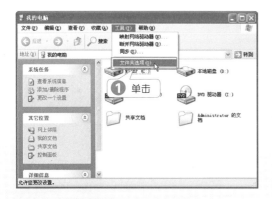

❶ 在电脑中打开【我的电脑】，然后选择【工具】➤【文件夹选项】菜单命令。

> **提示**
>
> 此方法只适用于 Windows XP 以上的系统，备份文件所在的硬盘分区必须为 NTFS 格式。

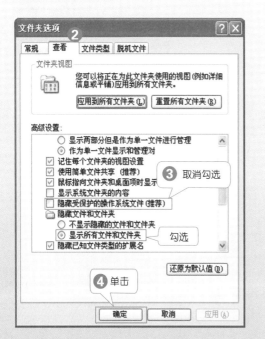

❷ 在弹出的【文件夹选项】对话框中单击【查看】选项卡。

❸ 在【高级设置】选项区中取消勾选【隐藏受保护的操作系统文件】，选中【显示所有文件和文件夹】选项。

❹ 单击【确定】按钮。

⑤ 在电脑的系统盘中找到"Backup"文件，并剪切该文件。

提示

Windows XP 系统中的备份文件位置为：C:\Documents and Settings\Administrator（用户计算机名）\Application Data\Apple Computer\MobileSync。

⑥ 在 D 盘新建文件夹"iTunes"，并将剪切的"Backup"文件粘贴到该文件夹中（大家可以根据需要选择新建文件夹的位置）。

⑦ 将下载的"Junction"解压后放到 D 盘中（根据第⑥步的设置，将Junction 文件放到根目录下）。

02 使用命令提示符更改备份位置

❶ 单击【开始】➤【所有程序】➤【附件】➤【命令提示符】菜单命令。

提示

需要以管理员的身份运行"命令提示符"。

❷ 输入 "cd\" 后按回车键，再输入 "d:"（设置存放备份文件的磁盘）。

❸ 输 入 "junction" 后 按 空 格 键，然后输入原备份文件位置 "C:\ Documents and Settings\Admini -strator\Application Data\ Apple Computer\MobileSync\Backup"，以 及 更 改 后 的 位 置 "D:\iTunes\ Backup"，最后按回车键。

提示

两个文件位置之间需要有一个空格。

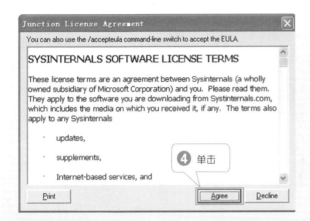

④ 在弹出的对话框中单击【Agree】按钮。

出现此画面证明更改成功了，再次备份时，备份文件就会保存到指定位置了。

秘技 41 应用程序的购买与同步问题

众所周知，只有安装了应用程序，才能发挥 New iPad 的性能，而购买与同步应用程序也成了我们经常要做的事。当这方面出了问题，那么绝对是一件令人苦恼的事。所谓"兵来将挡，水来土掩"，一切问题都只是浮云。

现象 1　删除未下载完成的应用程序

　　每次打开 iTunes，都会自动下载一些以往没有下载的程序，或在下载购买程序时，不知怎么地就出现了。那么如何才让它不再出现呢，不如尝试下面的方法吧。

❶ 单击 iTunes 左侧列表中的【下载】选项，进入下载界面后，右击要删除的【应用程序】，在弹出的快捷菜单中，选择【删除】命令。

❷ 此时，会询问是否删除，选择【删除】即可，即会看到所删除应用程序处于"停止"状态。

❸ 再次右击该程序，在弹出的快捷菜单中选择【删除】选项即可。

提示

　　虽然已将该程序从列表中删除，但并不是真正的删除。因为它已是你购买的应用程序，不管是免费的还是花钱购买的，都会记录在苹果服务器上，除非退款，否则还会在莫名的情况下又回到下载列表中。

其实，删除的应用程序又回到下载列表中，并不是无迹可寻，是因为你的不小心误点造成的，那么如何避免，且看下图即知原由。

删除的应用程序又回到下载列表中，主要由以下两方面导致。

(1) 在【Store】选项卡下，单击了【检查可用下载项目】；

(2) 单击了下载列表下方的"iTunes 项目可供下载"旁的"■"按钮。

当然，如果想将删除的未下载完成的应用程序恢复，选择上面两条中的任意一条即可。

如果确实今后不会用到该程序了，那么，建议在空闲的时候将该程序下载下来，然后在资料库中和本地磁盘中彻底删除，这样更彻底。

现象 2 提示"iTunes 同步安装失败"

在 iTunes 中同步应用程序后，New iPad 上弹出了一个对话框，提示"iTunes 同步安装失败"，那么这是为什么呢？

这是由于该程序是你从朋友那里或网上下载获得的，而这些账号并未对你的电脑进行授权。同步时，虽然在 iTunes 中显示有同步进度，但是无法正常安装至你的设备中。

当然，我们完全可以在经朋友同意时，将其花钱购买的应用程序安装到自己的设备中，具体方法可以参照本节的"现象 4　如何复制别人的应用程序"内容。

现象 3　同步时，提示"找不到此应用程序"

在同步应用程序时，iTunes 中弹出提示对话框，无法将应用程序安装到 New iPad 中，因为找不到该程序。

这是因为资料库中的应用程序的存储位置发生变化或被删除。此时，我们可以选择查找该程序，或删除并重新下载。

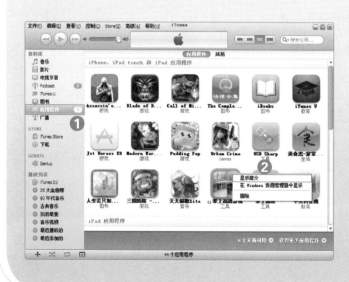

❶ 单击【资料库】下的【应用程序】选项，在应用程序列表中找到该程序并右击。

❷ 在快捷菜单中选择【显示简介】命令或双击该程序。

提示

在程序列表中，凡是程序左下角有灰色叹号，即表示该应用程序的存储路径有问题，或者已被删除。

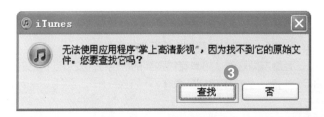

❸ 此时即会弹出 iTunes 对话框，单击【查找】按钮，在本地磁盘中找到该程序的正确路径即可，若找不到或已删除，可直接在列表中删除该程序的图标。

现象 4　如何复制别人的应用程序

把朋友免费下载的或花钱购买的所有好玩的应用程序安装到自己的设备中（当然需要先得到对方的同意），让自己痛痛快快玩个够！

01　传输购买项目

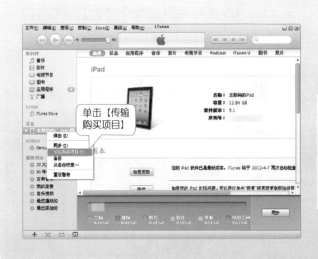

将设备与电脑连接起来，在识别出的设备名称上单击鼠标右键，选择【传输购买项目】，将自己设备中已购买的应用程序传输到朋友的资料库中。

弹出【iTunes】对话框，提示无法将某些项目传输到 iTunes 资料库中，需要对其授权，单击【授权】按钮。

输入账号和密码，对电脑授权成功后，即可将应用程序传输到电脑上。

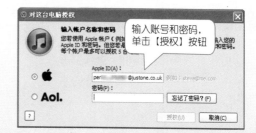

输入账号和密码，单击【授权】按钮

02 安装应用程序

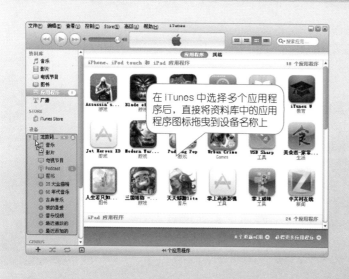

在 iTunes 中选择多个应用程序后，直接将资料库中的应用程序图标拖曳到设备名称上

单击左侧列表【资料库】中的【应用程序】选项，在右侧的视图中单击应用程序并直接拖曳到设备名称上。

安装程序的过程中如果弹出【iTunes】对话框，提示需要对电脑授权才能安装应用程序，这是因为资料库中的部分程序使用的购买账号没有对电脑授权，单击【授权】按钮，输入账号和密码，开始安装应用程序。

提示

　　安装完应用程序之后，可以在 iTunes 顶端单击【Store】➤【取消对这台电脑的授权】选项，取消账号的授权。

提示

　　将复制朋友的游戏传输到自己的资料库时，同样是需要账号和密码的。如果不使用购买应用程序的账号和密码，是不可以传输到你的资料库中的。

秘技 42　比 iTunes 用起来更方便的 iTools

　　iTunes 固然强大，但与国内人们的操作习惯较为不符，加上其上手难度较大，所以并不得太多人喜爱，反而成为了用户使用 New iPad 的一个瓶颈。那么，除了 iTunes，iTools 可谓是最佳选择！

现象 1　不可丢弃的 iTunes

　　虽然 iTunes 使用起来并不方便，在某些功能上可以使用 iTools 所代替，但是 iTunes 是不能被删除的，即使有更方便的软件，离开它就变得无力了。

　　那么，我们在哪些时候是不得不使用 iTunes 完成的呢？

　　(1) 备份数据。iTunes 备份和还原数据是其他软件所不能比的，即使并不能全面备份所有数据，但是较为方便。

　　(2) 下载应用程序。在 iTunes 中下载程序比在 New iPad 下载，其速度要快得多。

　　(3) 使用其他 New iPad 管理工具。虽然其他管理工具有很多，而且极为方便，但都是必须在安装 iTunes 的电脑环境下运行，否则是不能使用其功能的。

　　(4) 固件升级、平刷、降级。无论固件更新为最新版本，还是将 New iPad 刷回较低版本或当前版本，都需要使用 iTunes 实现。

现象 2 逐个安装应用程序

　　使用iTunes 安装应用程序,每次都需要同步所有程序,要么还需要将设备上下载的程序传输到电脑中,十分麻烦。相信每个用户都希望可以单个安装某个程序而不需要同步或传输其他程序,而 iTools 完全可以满足你这个需求。

　　iTools 下载地址:http://www.itools.hk/

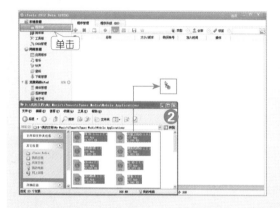

❶ 下 载 iTools 后解压出来, 然后打开 iTools, 并将 New iPad 连接到电脑上。

❷ 在 iTools 界面中单击【程序库】, 然后选择本地中已下载好的程序拖曳至 iTools 中。

> ### 提示
>
> 　　iTunes 下载程序保存地址:D:\ 我的文档 \My Music\iTunes\iTunes Media\ Mobile Applications。

❸ 单击 🔳 按钮即可完成安装。

> ### 提示
>
> 　　虽然iTools 可以方便地安装应用程序, 但是较容易出现安装程序后出现闪退现象, 此时需要将程序删除,并重新安装即可。

现象 3 为 New iPad 桌面程序分类

为程序建文件夹分类还真是个费时间的活儿，使用 iTools 可以快速为桌面程序进行分类，简单快捷。

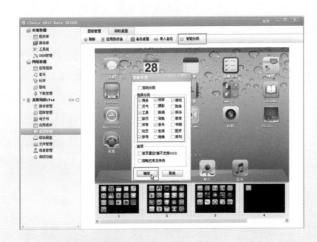

❶ 单击左侧列表中的【桌面管理】按钮，然后单击智能分类，在弹出的对话框中取消勾选【自动分类】，选择要分类的文件夹，并单击【确定】按钮。

❷ 单击【应用到设备】按钮，然后在弹出的对话框中单击【是】按钮，即可快速对应用程序分类。

秘技 43 选择合适的同步备份软件

在众多的 New iPad 管理软件中，选择一款适合自己的软件是多么艰难的事。了解它们的优缺点，对于你的选择无疑是莫大的帮助。

现象 1 设备同步软件的对比

软件名称	下载地址	优点	缺点
同步助手	http://www.tongbu.com/	(1) 安全性较高，不会因为安装软件出现白苹果现象。 (2) 开创了多台设备安装软件的新方式，把软件同时安装给不同的设备安装软件。 (3) 可将电脑中的音乐、视频以及图书等添加到设备中，不覆盖设备中原有的文件。 (4) 集成了的音乐搜索，试听方便，下载迅速，免去繁琐的操作，海量音乐随心下载。 (5) 可对设备上的文件进行管理。 (6) 可导入电脑中的音乐，支持对歌名、专辑、封面、歌词等信息的修改，提供有丰富的封面资料库	(1)同步助手占用内存较大，如果电脑配置较低，使用过程中可能反应较慢。 (2) 在同步助手中删除软件，关机重启后，再次安装该软件，有时会提示出错，显示该软件已安装
Xilisoft iPad to PC Transfer	http://download.xilisoft.com/x-ipad-to-pc-transfer.exe	(1)使用起来很方便，易理解、易掌握。 (2) 可以将电脑中的文件批量传输到设备中。 (3) 不但可以将 New iPad 的文件导出到本地，还可以直接导出到其他设备中	(1) 它是一款收费软件，如果未购买注册号，除了第一次使用时可以同步10个文件之外，每次只能同步一个文件，使用起来不是很方便。 (2) 不可以同步应用程序和重要信息

现象 2 设备备份软件的对比

软件名称	下载地址	优点	缺点
iTools	http://www.itools.hk/	(1) 软件体积小。 (2) 使用"iTools"工具可以很方便地选择要备份的内容，在导出文件时速度较快，且软件自身占空间较小。 (3) 备份 SHSH 很方便。 (4) 安装软件极为方便	(1) 不能直接下载游戏。 (2) 文件管理没有预览图。 (3) 每次进入软件都要读取一次应用程序。 (4) 无更改文件权限的功能
i-FunBox	http://dl.pconline.com.cn/download/64171.html	(1) 功能强大、速度快、界面美观大方。 (2) 使用较安全。 (3) 此软件偏重于文件管理。 (4) 能够很好地识别出 epub 格式的图书，安全	(1) 备份后的图片会更改原有照片的名称，并且备份出的文件分散地存放于各个文件夹，使用时需要重新搜索。 (2) 没有媒体功能，只是一个文件管理工具。 (3) 复制出的 epub 格式图书需要重新压缩格式才能使用
曦力苹果派	www.xilisoft.com.cn	(1) 使用曦力苹果派备份音乐和视频可以很方便地选择要备份的内容，并且可以将文件存放于一个文件夹下。 (2) 可以将绝大多数常见格式的音／视频文件、DVD 文件转换并上传到 New iPad。 (3) 在电脑和 New iPad 之间轻松传递 New iPad 文件，复制 New iPad 文件到 iTunes 资料库。 (4) 界面简洁、友好	使用了修改相册（如上传照片、新建相册等），这个软件会将相册全部弄乱

总结

功能全面性：同步助手 >iTools>i-Funbox
功能实用性：i-Funbox=iTools= 同步助手
功能操作性：i-Funbox=iTools= 同步助手
软件速度性：iTools>i-Funbox> 同步助手

第 6 篇

硬件一旦出现问题，可能直接导致我们无法正常使用
New iPad。其实，很多硬件故障可以自行解决的。

排除硬件故障，玩起来更舒畅

秘技 44 按键反应迟钝或不灵问题

数来数去，New iPad 上的按键也就那几个，但是按键如果出了问题，我们就无法关机、无法返回主界面、无法快速调节音量大小等。

现象 1 Home 键反应迟钝

Home 键

> 【Home】键主要用于返回主界面、查看最近操作的程序，在重启 New iPad，进入恢复模式和 DFU 模式时也会用到。

遇到【Home】键反应迟钝，可尝试使用以下方法进行排除并解决。

(1) 某个程序问题。如果在执行某个程序操作，按【Home】键出现反应较慢现象，可尝试退出该程序后，启动其他应用程序进行检验，看是否正常。如果正常，此时可卸载该程序并重新安装。

(2) 后台程序运行过多。如果执行其他程序依然存在反应迟钝问题，可能是由于后台程序运行过多，New iPad 系统运行缓慢，进而导致按键反应迟钝。此时请重启 New iPad。

(3) 系统问题。如果重启，并未解决可尝试恢复出厂设置。

(4) 如果恢复后，并未解决，可能是长时间的使用导致【Home】键进入灰尘或其他原因，接触不良，此时需要送修。

现象 2 Home 键无法正常工作

按下【Home】键后，屏幕没有变化，这可能是由以下两种情况导致的。

(1) New iPad 反应过慢。这时可以轻按【开/关机】键关闭 New iPad，等待几秒，然后轻按【Home】键唤醒 New iPad。

(2) 【Home】键受损。如果在执行所有的程序时都存在【Home】键反应迟钝或者无反应，就有可能是【Home】键受损了，这就需要送修了。

现象 3 开 / 关机键无法正常工作

开 / 关机键无法正常工作常表现为无法锁定屏幕、解锁屏幕或关机等。

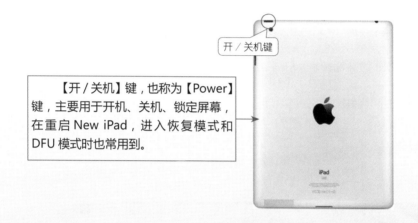

【开 / 关机】键，也称为【Power】键，主要用于开机、关机、锁定屏幕，在重启 New iPad，进入恢复模式和 DFU 模式时也常用到。

开 / 关机键

移动滑块解锁

1. 无法锁屏 / 解锁

(1) 如果锁屏，轻按【开 / 关机】键即可锁定 New iPad。

(2) 如果解除锁定，轻按【开 / 关机】键或【Home】键唤醒 New iPad，然后移动滑块解锁。

(3) 如果未能解决，请将 New iPad 重启。按住【开 / 关机】键和【Home】键至少 10 秒钟，直到出现 Apple 标志。

(4) 再次尝试锁屏或解锁。

2. 无法正常开 / 关机

　　(1) 如果开机，在 New iPad 关闭状态，长按【开 / 关机】键，直到出现 Apple 标志。

　　(2) 如果关机，在 New iPad 开机状态，长按【开 / 关机】键，直到屏幕显示红色滑块，然后移动滑块关机。

　　(3) 如果未能解决，请将 New iPad 重启。按住【开 / 关机】键和【Home】键至少 10 秒钟，直到出现 Apple 标志。

　　(4) 如果以上方法不能解决，是由于该按键受损，需要送修。

现象 4　音量调节键失灵

音量调节键
按此端增大音量　按此端减小音量

　　在使用 New iPad 的过程中，遇到音量调节键失灵。

　　(1) 程序自身的 Bug。如果在执行某个程序时，按【音量调节】键不能调节音量大小，可先尝试退出该程序后，启动其他应用程序进行检验，看是否可调节声音。如果正常，此时可卸载该程序或等待程序更新。

　　(2) 尝试重启 New iPad，按住【开 / 关机】键和【Home】键至少 10 秒钟，直到出现 Apple 标志。

　　(3) 还原出厂设置。备份 New iPad 数据后，在【设置】▶【通用】▶【还原所有设置】中进行还原。

　　(4) 如果以上 3 种方法都不能解决，可送到苹果售后服务中心进行检修。

现象 5 侧边开关不能锁定屏幕旋转

在使用 New iPad 中，侧边开关不能锁定屏幕旋转，我们可以通过以下方法解决。

(1) 依次选择【设置】▶【通用】选项，在【侧边开关用于】下拉列表框中选中【锁定屏幕旋转】项，然后在使用中推动侧边开关即可锁定屏幕旋转。

(2) 如果在【侧边开关用于】列表中，已选择【锁定屏幕旋转】项，操作中并不能锁定屏幕旋转，可尝试选中【静音】项，检查是否可以调节为静音。如果可以使用，调回【锁定屏幕旋转】项，再次尝试。

(3) 如果都不能实现锁定屏幕和静音功能，可尝试恢复出厂设置。

(4) 如果未能解决，则可将 New iPad 送修。

秘技 45　New iPad 充电故障

电池是 New iPad 的"心脏"，是能量之源，在使用中会遇到充电故障，无法充电，以致不能正常使用的状况。

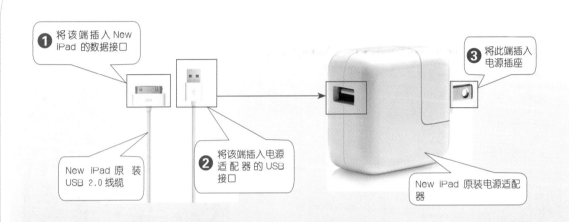

① 将该端插入 New iPad 的数据接口

③ 将此端插入电源插座

New iPad 原装 USB 2.0 线缆

② 将该端插入电源适配器的 USB 接口

New iPad 原装电源适配器

　　将 USB 2.0 线缆的一端连接在电源适配器上，一端连接在 New iPad 上，在 New iPad 的右上角显示百分比和带闪电的电源图标，就表示正在充电。

现象 1　出现电量不足图像

New iPad 电量不足图像

　　(1) 如果 New iPad 电量较低，屏幕上会显示空白约 2 分钟，就会显示电量不足的图像。此时，New iPad 处于较低电量状态，需要给它充电 20 分钟以上，才能够继续使用。

　　(2) 如果要想快速充电，请在 New iPad 关机状态下，选用 New iPad 电源适配器进行充电。

现象 2　显示"不在充电"信息

如果使用 USB 线在电脑上对 New iPad 进行充电，屏幕上就会显示"不在充电"信息。因为电脑的 USB 端口电压无法达到 New iPad 充电所需要的电压，状态栏上就会显示"不在充电"字样。

如果需要在电脑中对 New iPad 进行充电，可在电脑中安装华硕推出的"ASUS Ai Charger"小软件（下载地址为 http://down.tech.sina。com.cn/content/48096.html），重启电脑后，连接 New iPad，即可充电了。

但是，这种充电方式是有一定风险的，推荐使用原装的电源适配器进行充电。

现象 3　提示不支持使用此配件充电

这是因为使用的电源充电器和 New iPad 并不配套，所以在充电时，弹出"不支持使用此配件充电"字样的提示框。

此时，请更换与 New iPad 配套的原装电源适配器进行充电，或者连接电脑进行充电。

现象 4 New iPad 充不上电

在对 New iPad 进行充电时，如果发现不能对 New iPad 充电，可采用以下方法进行解决。

(1) 充电时要使用原装的电源适配器和 USB 2.0 线缆，以免充不上电或对 New iPad 造成损坏。

(2) 检查使用的插座是否正常，可尝试换其他插座进行充电。

(3) 如果不行，请尝试使用其他配套的电源适配器。

(4) 如果使用电脑对 New iPad 进行充电，使用数据线连接电脑，安装 ASUS Ai Charger 软件，并确保电脑处于待机、睡眠模式。

(5) 室内温度太低（0℃左右），有时也无法充电，可以用毛毯盖住 New iPad ，待 New iPad 温度升高后即可充电。

(6) 电源适配器接口太脏，可使用干净的棉签擦拭接口处，然后对 New iPad 进行充电。

(7) 如果以上均不可以解决，可联系购买商或维修商更换或者维修设备。

现象 5 New iPad 电源适配器插头与三相插座不配套

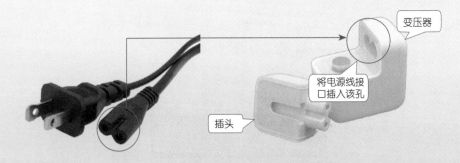

变压器

将电源线接口插入该孔

插头

New iPad 的原装电源适配器是拆开的，由两部分组成，分为插头和变压器，主要考虑不同国家的插座标准，方便 New iPad 用户旅行中为 New iPad 充电的问题。只需购买一根 8 字形接口的电源线，至于长度完全可以根据自己需要。当然它也可以有效解决 New iPad 数据线过短，以使自己不能边充电边玩的问题。而 8 字形接口的电源线一般在数码相机、打印机等上都会有。

在使用中，将 8 字形接口的电源线接口插入拆开的变压器上，即可连接电源进行充电。

秘技 46　New iPad 屏幕显示故障

如果屏幕显示出现故障，它就会像一台没有显示器的电脑，就无法最好地呈现那些精彩的画面。

现象 1　屏幕不能横屏显示画面

浏览网页、玩游戏、看电影，横屏是最为舒服的浏览模式，当发现屏幕不能横屏显示画面时，就可采取以下方法排除并解决。

(1) 退出正在运行的程序，打开其他程序或电影，然后将 New iPad 横放，看是否可以横屏显示。需要注意的是，不是所有程序都支持横屏模式，还包括 New iPad 兼容的 iPhone 4S 程序。

(2) 查看是否锁定了自动锁屏。双击【Home】按钮，在滑动屏幕底部出现应用程序栏，如果发现【旋转】按钮中间有一把锁，单击它即可。

单击旋转按钮

现象 2　屏幕显示背景太暗

向右拖动按钮调节亮度

(1) 在【设置】▶【亮度与墙纸】中，尝试调节 New iPad 的亮度，看有无变化。

(2) 尝试重启 New iPad，按住【开 / 关机】键和【Home】键至少 10 秒钟，直到出现 Apple 标志。

(3) 如果未能解决，可将 New iPad 进行充电，至少在 20 分钟以上。

现象 3　屏幕显示反常

(1) 尝试重启 New iPad，按住【开 / 关机】键和【Home】键至少 10 秒钟，直到出现 Apple 标志。

(2) 运行不同的程序或电影等，查看该问题是否与某个程序相关。

(3) 如果屏幕背景太暗，在【设置】➤【亮度与墙纸】中，调节 New iPad 屏幕显示亮度。

秘技 47　屏幕触摸不灵及定屏现象

屏幕触摸不灵或定屏现象是在 New iPad 使用中较为常见的问题，我们可根据不同的情况分析并进行解决。

现象 1　运行某个程序时出现定屏现象

(1) 长按【Home】键退出该程序，返回到屏幕主界面。

(2) 重启 New iPad 后，运行该程序看是否解决，如果仍然存在，可卸载该程序并安装最新版本。

现象 2　一直处于定屏或卡住状态

(1) 按住【开 / 关机】键和【Home】键至少 10 秒钟，直到出现 Apple 标志。

(2) 运行不同的程序，查看是否与某个程序有关。若因某个程序而致，可重新安装该程序。

(3) 如果未能解决，选择【设置】➤【通用】➤【还原】➤【还原所有设置】选项，重设 New iPad。

现象 3　屏幕触摸不灵

(1) 轻按【Home】键，退出正在运行的程序，尝试运行不同的程序，检测是否因为该程序导致的屏幕触摸失灵现象。如果因该程序而致，删除该程序。

(2) 如果不是程序原因，重启 New iPad，看是否可解决。

(3) 如果未能解决，可尝试恢复出厂设置或升级为当前最新固件版本。

(4) 如果仍不能有效解决，可送苹果服务维修中心进行检修。

秘技 48 其他硬件故障

现象 1 充电时，设备外壳发热

设备在充电时变热，或者在执行占用处理器和网络的密集操作时变热，都是正常现象。此时可以取下设备上的保护套或外壳，这样更容易散热，否则会产生很多热量，影响电池的容量。

现象 2 设备不响应，无任何反应

设备的电池电量可能较低，将设备连接到电源适配器以充电。

按住设备上的【开 / 关机】键几秒钟，直至屏幕上出现红色滑块，然后按住主屏幕按钮，直到使用的应用程序退出。

如果未能解决，请将设备关机，然后再次开启。按住设备上的【开 / 关机】键几秒钟，直到一个红色滑块出现，然后拖移此滑块。最后按住【开 / 关机】键数秒，直至屏幕上出现 Apple 标志。

如果未能解决，请将设备复位。按住【开 / 关机】键和【Home】键几秒钟，直到出现 Apple 标志。

现象 3 设备复位仍不响应

还原设备设置。从主屏幕中选择【设置】▶【通用】▶【还原】▶【还原全部设置】命令。此时，所有偏好设置都会被还原，但数据和媒体不会被删除。

如果未能解决，可抹掉设备上的所有内容。

现象 4 扬声器不发出声音

扬声器不发出声音是因为 New iPad 在耳机拔下后误以为耳机还是插入状态，当然扬声器就不会发出声音了，只需要用棉签之类的东西清理一下 New iPad 的耳机插孔即可。

现象 5　接入外设耳机，没有声音

(1) 首先，确认耳机没有问题，是完好的，可拔下耳机，然后再连接到其他设备上进行检测。

(2) 确保耳机插头已插到 New iPad 耳机接孔底部。

(3) 通过 New iPad 音量调节键，调大声音，检测是否因为静音原因。

(4) 使用棉签擦拭接口处，或尝试多次插拔耳机看是否解决。

(5) 检查是否已成功连接蓝牙耳机。如果未连接成功，请等待连接成功；如果成功，可关闭蓝牙耳机，重新连接。

(6) 重启 New iPad，然后再次接入。

秘技 49　New iPad 的保养

拥有了 New iPad，它的保养自然也是不容忽视的问题，从为它置办保护套、屏保、清洁等，从每一个细节着手去呵护它，保护它。

保养 1　为 New iPad 购买保护套

无论是在家使用，还是出门在外，New iPad 保护套自然是不可少的，即使不小心摔地上了，还是划了一下，保护套都可以更好地保护 New iPad。

保养 2　为 New iPad 购买屏幕保护膜和抹布

毫无疑问，屏幕保护膜和抹布是最不能少的，这对黄金搭档不仅能保护屏幕，而且始终让 New iPad 干干净净，体面地出去"见人"。

保养 3　电池的正确使用

电池是 New iPad 的"心脏"，是能量之源，我们需要用心呵护它，尽可能地延长它的使用寿命。

(1) New iPad 使用时，环境温度适合在 0℃~35℃，在高于操作温度使用或充电时，会对电池造成很大的伤害。不使用时，不要把 New iPad 丢在炎热的车厢里。

(2) New iPad 充电时，没有取下保护套会产生很多热量，从而影响电池的容量。如果充电时发觉 New iPad 表面温度变高，请先取下它的保护套再充吧！

(3) New iPad 有很多设置选项，包括调节屏幕亮度，关闭蓝牙和 Wi-Fi 等，都可用来降低功耗，延长电池使用时间哦！

(4) New iPad 至少每个月经过一次充电循环，充满电后将电池完全用光，以保持适当的充电状态。我们要定期使用 New iPad ，不要冷落它啊！

保养 4 清洁 New iPad

New iPad 用久了，上面就会滋生很多细菌，表面也会很脏，所以定期地清洁 New iPad 必不可少。

(1) 清洁 New iPad 时，要拔下所有电缆，关闭 New iPad 。

(2) New iPad 的屏幕上有疏油涂层，使用柔软、微湿且不起绒的布料擦拭，即可清除各种油迹。

(3) 用蘸有 75% 酒精的棉签，擦拭 New iPad 除屏幕外的所有触脚及侧面。

(4) 在玩 New iPad 之前和之后，一定要洗洗手，保持清洁。

提示

(1) 请勿使用窗户清洁剂、家用清洁剂、气雾喷剂、溶剂或研磨剂来清洁 New iPad。

(2) 不要用腐蚀性材料去摩擦屏幕，它会使 New iPad 疏油涂层的拒油能力减弱，并可能划伤屏幕。

(3) 建议在刚买 New iPad 时，就贴上屏幕保护膜，以免频繁的屏幕操作会刮伤屏幕。

第 7 篇

常见的疑难问题，你知道吗？ FAQ 100 例为你精彩呈现常见问题大集锦，是你解决问题的贴身专家。

常见疑难，一应俱全

秘技 50　FAQ 100 例

FAQ 001　New iPad 水货和行货的区别是什么？

行货 New iPad 指的是该品牌得到生产商认可，由某个商家取得代理权在指定的地方进行销售，并缴纳了税款。它的售后服务往往较有保障，产品的驱动程序、说明书、操作系统等的语言版本都符合当地情况。

水货 New iPad，则没有正规销售代理，通过非正规渠道流入国内市场，它与生产地无关，而与销售地有密切关联。水货版次繁多，有欧版、美版、亚太版水改机等，它并不是假货，相对行货价格便宜，但在中国不享受全国联保。

FAQ 002　New iPad 4G 版和 Wi-Fi 版的区别是什么？

New iPad 4G 版可以插入 SIM 卡，目前国内尚未普及 4G 网络，但可实现 3G 上网。该型号也可通过 Wi-Fi 上网，因此外观上比 Wi-Fi 版 New iPad 多了条黑线和 SIM 卡槽，而 Wi-Fi 版只能使用 Wi-Fi 网络上网。

FAQ 003　什么是 Wi-Fi？

Wi-Fi 是一种可以将个人电脑、手持设备（如 PDA、手机）等终端以无线方式互相连接的技术。它与 3G 或 2G 网络相比，其主要特性是网络传输速度快、稳定性高。

FAQ 004　New iPad 使用什么操作系统？

New iPad 的操作系统是基于 Linux 的 Mac OS 的移动版，一般简称 iOS，目前 New iPad 最新系统版本为 iOS 5.1.1。

FAQ 005 如何查看 New iPad 的保修期？

登录 https://selfsolve.apple.com/agreementWarrantyDynamic.do? 网站，输入 New iPad 的序列号，即可查询。

在【设置】▶【通用】▶【关于本机】▶【序列号】中，即可查询序列号。

FAQ 006 New iPad 标称的 16GB 怎么变为 14GB ？

这就牵涉 1000 还是 1024 数字上了，New iPad 在生产中是采用十进制计算容量：1GB=1000MB，而 New iPad 的系统则采用二进制计算容量：1GB=1024MB；另外，操作系统也会占用一部分内存，所以出现误差属于正常现象。

FAQ 007 RAM 是什么？

New iPad 的 RAM 是 1024MB。通俗地讲，RAM 相当于电脑上的内存条，就是 New iPad 的系统内存，有别于 ROM（物理内存，相当于硬盘，如 16GB 容量即指 ROM 容量）。

FAQ 008 New iPad 可以打电话吗？

New iPad 不支持打电话。New iPad 本身没有电话功能，可以通过安装网络电话程序实现打电话，如 Skype。

FAQ 009 New iPad 可以发短信吗？

New iPad 不支持发短信。可以通过安装一些程序实现，如飞信。另外也可以使用系统自带的 iMessage 程序发信息。

FAQ 010 New iPad 侧边开关是干什么的？

用于锁定屏幕旋转或静音，可在【设置】➤【通用】中选择或更换它的作用。

FAQ 011 New iPad 什么时候充电？

New iPad 右上角的电量显示在 10% 左右，就需要充电了，尽量不要用到 New iPad 提示电量低或 New iPad 自动关机才充电。

FAQ 012 New iPad 充电需要多长时间？

New iPad 右上角显示 100%，电池图标中显示一个小插头，就表示已经充满电了，可以拔下充电器了。一般充电时间在 3~5 小时，而不必像有些人说的要充满 12 个小时（即使是新买的 New iPad 也不必），那样有可能对电池造成损坏。

FAQ 013 New iPad 可以使用数据线连接电脑充电吗？

默认状态下使用 USB 2.0 线缆连接 New iPad 和电脑（苹果电脑除外）是不能充电的，因为电脑的 USB 端口电压无法达到 New iPad 的充电电压。New iPad 右上角会显示“没有充电”的字样。

只需在电脑中安装华硕推出的 “ASUS Ai Charger” 小软件（下载地址是 http://down.tech.sina.com.cn/content/48096.html），重启电脑后，连接 New iPad，即可充电了。

但是，这种充电方式还是有一定风险的，推荐使用原装的电源适配器进行充电。

FAQ 014 New iPad 可以拆卸电池吗？

不可以，电池是内置的。

FAQ 015　New iPad 可以更换电池吗?

可以。如果电池损坏,需要到苹果售后服务中心进行更换。

FAQ 016　New iPad 支持扩展内存吗?

苹果移动设备都不支持,因此 New iPad 有 16GB、32GB、64GB 不同内存容量的。

FAQ 017　如何查看 New iPad 的固件版本?

在【设置】➤【通用】➤【关于本机】➤【版本】中,即可查看到 New iPad 的版本。

FAQ 018　VPN 是什么?

虚拟专用网络的简称,指在公用网络上建立的专用网络技术。

FAQ 019　New iPad 支持 GPS 吗?

New iPad Wi-Fi 版不支持,New iPad 4G 版支持。所以,New iPad Wi-Fi 版在户外没有 Wi-Fi 网络的接入,是无法定位导航的。

FAQ 020 iCloud 是什么？

iCloud 是苹果公司推出的云端服务，方便了存放照片、应用软件、电子邮件、通讯录、日历和文档等内容，而且可以以无线的方式将它们推送到你所有的设备中。

FAQ 021 如何打开 New iPad 上的 iCloud 功能？

在【设置】➤【iCloud】中打开该功能。

FAQ 022 iTunes 是什么？

iTunes 是一款数字媒体播放程序，在使用 New iPad 过程用，可以用它购买程序、同步数据、备份设备等，是 New iPad 与电脑间数据传输的重要桥梁。

FAQ 023 iTunes 可以备份哪些内容？

可以备份：通讯录、电子邮件、Safari、多媒体、照片、网络配置信息及其他配置信息。

FAQ 024 充电时，New iPad 外壳发热怎么办？

充电发热属于正常现象，建议在充电时将 New iPad 保护套去掉，这样更利于 New iPad 散热。

FAQ 025 New iPad 如何截图?

按【Home】键和【开关机 / 休眠】键即可快速截屏。

FAQ 026 New iPad 如何重启?

同时按【Home】键和【开关机 / 休眠】键直至黑屏, 然后再按【开关机 / 休眠】键即可。

FAQ 027 New iPad 如何设置密码保护?

在【设置】➤【通用】➤【密码锁定】中设置密码保护。

FAQ 028 多任务手势是什么?

在 New iPad 操作中, 可以使用 4 个或 5 个手指捏合来回到主屏幕, 向上推送来显示多任务栏及左右推送来切换应用程序。

FAQ 029 New iPad 如何开启多任务手势?

在【设置】➤【通用】中, 打开【多任务手势】按钮即可。

FAQ 030 New iPad 设备名称可以改吗?

可以。在【设置】➤【通用】➤【关于本机】中, 单击【名称】选项, 即可输入新的名称并更改。

FAQ 031 如何锁定大写字母?

FAQ 032 如何复制和粘贴?

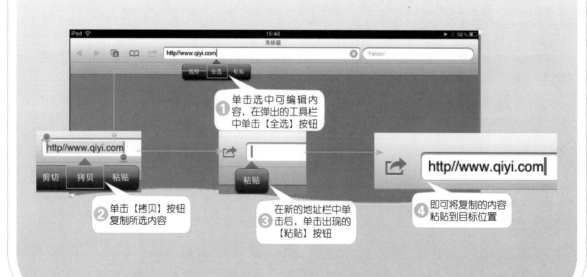

FAQ 033 New iPad 可以使用第三方输入法吗？

可以。New iPad 越狱后，通过 Cydia 安装第三方输入法的插件即可。

FAQ 034 自动填充是干什么用的？

在进入一些未访问过的网站，在需要填写自己的详细资料时，可以使用自动填充，快捷地填入自己的相关信息。

FAQ 035 如何使用 New iPad 的自动填充功能？

在【通讯录】中建立与自己相关的联系人信息，然后在【设置】➤【Safair】中选择【自动填充】，激活【使用联络信息】按钮和【名称和密码】按钮，在【我的信息】中选择联系人，在网站中注册信息时，可单击虚拟键盘上的【自动填充】按钮，将所选通讯录中的个人信息填充到注册的信息页面。

FAQ 036 New iPad 可以通过 Safair 下载文件吗？

不支持下载。

FAQ 037 New iPad 支持外置键盘吗？

支持蓝牙无线键盘，需单独购买。

FAQ 038　使用 New iPad 需注册 Apple ID 吗？

Apple ID 是体验苹果服务、获取资源的通行证，如购买程序、使用 iCloud、家庭共享、Facetime 等。

FAQ 039　New iPad 在哪里下载应用程序？

可以使用 New iPad 上自带的 App Store 程序下载程序，也可在 iTunes 中的 iTunes Store 中下载，二者都需要 Apple ID 方可购买，可在 iTunes 中进行注册。

FAQ 040　如何购买收费应用程序？

如果申请的是中国账号，必须将 Apple ID 与您的信用卡（支持 VISA）绑定才可购买，购买程序时，将从信用卡中扣除费用。如果是免信用卡美国账号，可购买充值卡 iTunes Gift Card 为账号充值即可购买。

FAQ 041　从论坛中下载的应用程序无法安装？

从论坛中下载的应用程序是用网友的账号购买的，而这些账号没有对你的电脑进行授权，因此这些下载的程序也就无法在你的电脑上同步。

FAQ 042　在 iTunes 中同步程序时，提示要对电脑授权怎么办？

在 iTunes 中单击【Store】➤【对这台电脑授权】，然后在弹出的对话框中输入购买程序的 Apple ID 账号和密码，单击【授权】按钮即可。

FAQ 043　如何将应用程序移动到其他屏幕上？

在 New iPad 主屏幕上按住某个程序图标 2 秒后松手，所有图标开始抖动，此时即可拖动图标到其他屏幕上。

FAQ 044　如何将应用程序放到一个文件夹中？

在 New iPad 主屏幕上按住某个程序图标 2 秒后松手，所有图标开始抖动，然后手指按住一个图标，将其拖到另一个图标上，直到产生一个文件夹，松开手指，在文件夹中输入名称即可。

FAQ 045　为什么不能把程序图标放入到文件夹中？

如果不能把某个程序图标拖到已创建好的文件夹中，可能有以下两种情况：

(1) 拖入文件夹时，没有把程序图标正确地放置到文件夹上方，或者在拖动的过程中过早松手。

(2) 拖动操作完全正确，但仍不能把程序放入到指定文件夹中，可能是因为文件夹中程序个数过多，只有将其中的程序移出文件夹后，才可以拖入新的程序。

FAQ 046　如何彻底关闭应用程序？

双击【Home】键，在下方的列表中按住要关闭的应用程序，直至图标开始抖动并出现⊝按钮，然后单击该按钮将其关闭。

FAQ 047 如何删除 New iPad 上的程序？

　　在主屏幕上按住要删除的游戏图标，直至程序图标开始抖动并在左上方出现的  按钮，然后单击该按钮，删除即可。

FAQ 048 如何防止他人误操作购买付费程序？

　　在【设置】▶【通用】▶【访问限制】中，打开访问限制，单击【安装应用程序】右侧的按钮，设置为不允许状态即可。

FAQ 049 New iPad 可以运行 iPhone 4S 上的程序吗？

　　可以。运行程序时，其界面较小，当放大后，分辨率就会下降。

FAQ 050 如何锁定屏幕防止翻转？

　　双击【Home】键，下方会显示应用程序栏，然后向右滑动，此时单击旋转按钮，将其锁定即可。也可在侧边开关设置为锁定旋转的情况下，滑动侧边开关即可。

FAQ 051 不小心按住【Home】键，不想退出当前程序怎么办？

　　若不想退出当前程序，需要继续按住【Home】键不放，持续大约 5 秒钟，再放开手指，就不会退出程序。

FAQ 052 New iPad 每次连接 iTunes 都会自动同步，如何取消？

打开 iTunes，在【编辑】➤【偏好设置】➤【设备】中，勾选【防止 iPod、iPhone 和 iPad 自动同步】选项，单击【确定】按钮即可。

FAQ 053 如何向 iTunes 资料库中添加媒体文件？

打开 iTunes，在【文件】选项中，单击【将文件添加到资料库】或【将文件夹添加到资料库】，然后将电脑中的媒体文件添加到资料库中，也可将媒体文件直接拖曳到资料库中。

FAQ 054 如何使用家庭共享？

打开 iTunes，在【高级】➤【打开家庭共享】中输入 Apple ID 账号和密码，单击该页面上的【创建家庭共享】按钮，打开家庭共享。在同一局域网中的另一台电脑上，打开该电脑的家庭共享，账号和密码与另一台电脑保持一致即可。

FAQ 055 如何添加 Safari 中的书签？

在 Safair 浏览器中，打开想要添加书签的网页后单击 按钮，在弹出的列表中选择【添加书签】选项进行添加。

FAQ 056　如何清除浏览器上的历史记录？

在 Safair 浏览器中，单击 按钮，在弹出的列表中选择【历史记录】，然后单击【清除历史记录】按钮即可。

FAQ 057　New iPad 支持哪些电子书格式？

New iPad 支持的电子书格式主要有 EPUB、PDF、TXT 和 CEBX 等。

FAQ 058　New iPad 支持哪些音、视频格式文件？

音频格式支持 AAC、MP3、VBR、AIFF、WAV 格式；视频格式支持 VGAA、MP4、MOV 和 MPEG 格式。

FAQ 059　New iPad 支持哪些图片格式？

New iPad 支持的格式有 JPG、TIFF 和 GIF 格式。

FAQ 060　New iPad 支持网页游戏吗？

不支持。New iPad 不支持 Flash 和 Java。

FAQ 061 New iPad 可以在网页上听音乐、看视频吗？

由于 New iPad 不支持 Flash 和 Java，及部分网站兼容问题，因此，一些网站支持，而一些网站并不支持。

FAQ 062 New iPad 可以存储多少首音乐？

一般歌曲文件大小并不一致，优质歌曲容量较大，劣质容量较小，如果按照每首歌曲 5MB 的大小计算的话，16GB 容量的 New iPad 大约可以存储 2800 首歌曲。

FAQ 063 RMVB 的高清电影 New iPad 能播放吗？

可以播放。可以下载一些万能播放器进行播放，如迅雷看看、QQ 影音、暴风影音等。

FAQ 064 如何在 New iPad 上删除歌曲？

在音乐列表中按住该歌曲名称，向右或向左滑动，即可弹出【删除】按钮，单击【删除】按钮即可。

FAQ 065 New iPad 邮件中可以播放音频文件吗？

可以播放 MP3 格式的附件。

FAQ 066 New iPad 如何保存游戏进度？

可以通过 iTunes【备份】功能保存进度，也可开启 iCloud，在接入 WLAN 网络的情况下，自动备份游戏进度。

FAQ 067 New iPad 支持 Word、Excel 等办公文件吗？

不支持，但可以通过安装软件实现，如 iWork 等办公软件。

FAQ 068 New iPad 有文件管理器吗？

没有，越狱后可以安装 iFiels 管理设备中的文件。

FAQ 069 New iPad 需要杀毒软件吗？

不需要。New iPad 的操作系统是一个封闭的系统，不对设备越狱是极其安全的。

FAQ 070 如何打开 New iPad 的通知栏？

手指按住屏幕顶部的时间显示栏，向下拖动，即可调出通知栏。

FAQ 071 什么是越狱（JailBreak）？

苹果手持设备越狱是指利用 iOS 系统的某些漏洞，通过指令获得系统的所有操作权限，修改系统的程序，突破 Apple 的封闭环境。

FAQ 072　越狱有什么弊端？

越狱会给我们带来很多风险。

1. 稳定性变差。网络上下载的软件兼容性差，往往出现应用程序无法运行的现象，白苹果现象出现的概率也变大。

2. 故障率变高。获得系统权限的同时，也伴随着系统崩溃的危险。

3. 安全性降低。越狱相当于修改了系统，使机器处于暴露状态，账号安全受到极大的威胁。

4. 不予以保修。需要自己承担越狱后的相关风险，苹果公司对越狱后的设备是不提供保修服务的。

FAQ 073　什么是 Cydia ？

Cydia 是一个类似苹果在线软件商店 iTunes Store 的软件平台的客户端，它是在越狱的过程中被装入到系统中的，其中多数为 iPhone、iPod Touch、iPad 的第三方软件和补丁，主要用于弥补系统不足用。

FAQ 074　什么是刷机？

刷机就是重装系统，使 New iPad 回到原始状态，一般所说的升级、降级都可统称为刷机。

FAQ 075　什么是自定义固件？

自定义固件是通过工具给苹果官方固件打上解锁、激活、补丁等，用户可通过 iTunes 恢复自定义固件。

FAQ 076　如何进入 DFU 模式？

DFU 模式主要用于苹果设备固件的强制升降级操作。在 New iPad 待机状态下，按住【开 / 关机】键和【Home】键，持续到第 10 秒，立即松开【开 / 关机】键，并继续按住【Home】键，这个时候 iTunes 会提示发现一个恢复模式，设备会一直保持黑屏状态。

FAQ 077 什么是白苹果？

白苹果就是开机时出现白苹果画面，但是如果一直停留在此，而无法进入系统，那就是白苹果了。

FAQ 078 SHSH 是什么？

SHSH 是苹果官方服务器根据每台设备的识别码和当前版本的系统运算得来的一个签名文件，和设备是一一对应的。备份 SHSH 会保存在苹果公司的服务器上，而 Cydia 保存的 SHSH 也是从苹果公司提取的。

FAQ 079 为什么要备份 SHSH？

SHSH 主要用来通过恢复固件时的官方验证，好比是一把唯一的钥匙，只有正确的钥匙才能打开重刷固件的锁。如果苹果公司关闭了对旧版本固件的验证，此时我们又想恢复较早的版本固件，那么 SHSH 就派上了用场。我们需要绕开官方服务器的验证，向非官方服务器（如 Cydia 服务器）发送申请，这个服务器就会同意恢复你备份的较早版本。

FAQ 080 使用了还原功能，为什么就出现白苹果了？

越狱后，使用 New iPad 的还原功能很容易造成白苹果现象，所以不建议越狱后使用还原功能。

FAQ 081 New iPad 出现异常不能关机了怎么办？

可以长按【Home】键和【开 / 关机】键直到重启。

FAQ 082 New iPad 无法开机怎么办?

大多由于没电导致的，可尝试充电再行开启。

FAQ 083 New iPad 装机必备哪些软件?

首次使用 New iPad 可以安装的软件有：iBooks、QQ HD、迅雷看看 HD、摸手音乐、Photoshop Express、拉手离线地图、新浪微博、水果忍者、愤怒的小鸟等。

FAQ 084 什么看书软件好?

软件名称	优点
iBooks	Apple 官方推出的阅读软件，精美的书架浏览，翻阅、浏览方便
Stanza	功能强大、可添加书源多
ShuBook	简繁转换快、图书资源多

FAQ 085 什么看漫画软件好?

软件名称	特色
eREAD for iPad Life	可以查看高清漫画，浏览海量文字图书
AiSIDe 漫画书房	漫画以国学教育为主，以少儿为对象，可教育孩子如何为人处世，如何提高思维创意等
ComicKing 漫画王	可从网上下载漫画，漫画资源相当丰富

FAQ 086 什么杂志阅读器好?

软件名称	特色
读览天下杂志	杂志内容丰富，知名品牌多
喜阅传媒	杂志分类详细，可查看往期杂志
中文杂志	杂志资源丰富，分类详细

FAQ 087 什么音乐播放器的音乐资源最为丰富?

　　一般主流的音乐播放软件的音乐资源都比较丰富，如摸手音乐 HD、QQ 音乐 HD、快捷音乐搜索等都不错。

FAQ 088 什么电影客户端的电影资源最为丰富?

　　主流的电影客户端有奇艺高清影视、迅雷看看 HD、PPLive、优酷软件，其电影和视频数量是最为丰富的。

FAQ 089 什么电影播放器播放高清电影效果好?

　　OPlayer HD 播放器功能强大，支持多种视频和音频格式，但唯一不足是收费。其他的，如迅雷看看 HD、QQ 影音、暴风影音支持主流音、视频格式，有效地解决了 New iPad 不支持 RMVB、FLV、MKV 等的不足，是观看高清电影的必备利器，而且是不收费的。

FAQ 090 男生喜欢玩的游戏都有哪些?

　　男生们爱玩偏重智力、刺激、竞赛类等具有挑战性的游戏。比较受男生们所欢迎的游戏有：刺客信条、地牢猎手 HD、近地联盟先遣队、背刺、三国塔防魏传、都市赛车等。

FAQ 091 女生喜欢玩的游戏都有哪些?

女生们爱玩以休闲娱乐为主,上手快、画面轻松活泼。比较受女生们喜爱的游戏有愤怒的小鸟、捕鱼达人、水果忍者、美女豪华饭店、割绳子、找茬大冒险等。

FAQ 092 双人玩的游戏都有什么?

New iPad 大屏幕玩双人游戏也是别有一番滋味的,比较受欢迎的有水果忍者、五子棋、乒乓对战、男骑士 PK 女骑士等。

FAQ 093 什么照片美化工具好?

照片美化的工具有:Photoshop Express、美图秀秀、Fotolr 照片工坊、aPhoto 照片编辑器等。

FAQ 094 有哪些适宜儿童学习的知识软件?

适宜儿童的学习软件有:儿童启蒙童谣 100 首、儿童动物世界、经典英文儿歌、儿童折纸、少儿百科全书、唐诗三百首、世界 5000 年等。

FAQ 095 什么办公软件好?

iWork 办公套件包括了 Keynote、Pages、Numbers,这 3 个软件可以完全帮助你解决办公上制作文档、电子表格、演示稿的难题,是 New iPad 办公的"三剑客"。

FAQ 096 什么理财软件好?

评价较好的理财软件有:随手记专业版 for iPad、挖财 HD、记账猫、涨乐理财等。

FAQ 097 有哪些好的炒股软件?

评价较好的炒股软件有：同花顺 HD、益盟操盘手炒股软件、中国股票、股票雷达等。

FAQ 098 什么地图软件好?

评价较好的地图软件有：拉手离线地图、老虎地图、图吧导航。

FAQ 099 什么交通工具查询软件好?

公交：全国公交线路查询、老虎地图；
火车：全国列车时刻、猜火车；
飞机：航班管家、出行伴侣 - 全国航班列车时刻查询、去哪儿旅行 HD。

FAQ 100 有哪些好玩、有趣的软件?

软件名称	特色
mobile mouse	可以实现远程操作电脑，是一个不错的软件
Draw free for iPad	可以在花瓣上进行素描、涂鸦、擦除等，还能通过电子邮件分享
LiveSketch- 神奇素描	不管有没有绘画基础，都可使用这款软件绘制出逼真的素描效果
GarageBand	可以把 New iPad 当作乐器弹奏，最多可混合 8 个音轨，制作合奏曲
深度睡眠	该软件采用全新复合式波段技术，帮助用户舒缓压力、放松身体，促进睡眠
iKala KTV	该软件提供歌词同步及人声导唱，是在家练歌的利器